FORSCHUNGSBERICHTE DES LANDES NORDRHEIN-WESTFALEN

Nr. 1678

Herausgegeben
im Auftrage des Ministerpräsidenten Dr. Franz Meyers
von Staatssekretär Professor Dr. h. c. Dr. E. h. Leo Brandt

DK 582.264.48:581.14   581.08:669.883
582.282.123.4:581.14

Prof. Dr. rer. nat. habil. Walter Baumeister
Dr. rer. nat. Adelheid Bade (Schwester Petra)
Dr. rer. nat. Dietrich Conrad

Botanisches Institut der Universität Münster

Die physiologische Bedeutung des Natriums
für die Pflanze
II. Versuche mit niederen Pflanzen

SPRINGER FACHMEDIEN WIESBADEN GMBH 1966

ISBN 978-3-663-20108-3   ISBN 978-3-663-20469-5 (eBook)
DOI 10.1007/978-3-663-20469-5
Verlags-Nr. 011678

© 1966 by Springer Fachmedien Wiesbaden
Ursprünglich erschienen bei Westdeutscher Verlag, Köln und Opladen 1966
Gesamtherstellung: Westdeutscher Verlag

Inhalt

Einleitung 7

I. Versuche mit *Aspergillus niger van Tiegh.* 9
   1. Methodische Hinweise 9
   2. Versuchsergebnisse 10
      a) Einfluß von Natriumchlorid und Natriumsulfat in der Nährlösung auf das Wachstum von *Aspergillus niger* bei zunehmendem Kaliummangel 11
      b) Einfluß steigender Natriumchlorid-Konzentrationen in der Nährlösung auf das Wachstum von *Aspergillus niger* bei unterschiedlicher Kaliumversorgung 13
      c) Einfluß steigender Natriumsulfat-Konzentrationen in der Nährlösung auf das Wachstum von *Aspergillus niger* bei unterschiedlicher Kaliumversorgung 17
      d) Einfluß steigender Natriumsulfat-Konzentrationen auf den Aschengehalt des Myzels von *Aspergillus niger* bei unterschiedlicher Kaliumversorgung 19

II. Versuche mit *Scenedesmus obliquus Turp.* 21
   1. Methodische Hinweise 21
      a) Kulturmethode 21
      b) Analysenmethoden 22
   2. Versuchsergebnisse 24
      a) Einfluß äquimolarer Natrium- bzw. Kaliumsalz-Konzentrationen in der Nährlösung auf das Wachstum, den Pigmentgehalt und die P-Fraktionen bei *Scenedesmus obliquus* 24
      b) Einfluß unterschiedlicher Kalium/Natrium-Verhältnisse in der Nährlösung auf das Wachstum, den Pigmentgehalt und die P-Fraktionen bei *Scenedesmus obliquus* 31
      c) Einfluß äquimolarer Natriumchlorid- bzw. Kaliumchlorid-Konzentrationen in der Nährlösung auf den Gehalt von *Scenedesmus obliquus* an Gesamtphosphat und dessen Verteilung auf die P-Fraktionen in einer 7stündigen Lichtperiode 34

III. Besprechung der Ergebnisse 40

IV. Zusammenfassung 43

V. Literaturverzeichnis 45

Einleitung

Es darf als bekannt angesehen werden, daß die Pflanzen in sehr unterschiedlicher Weise auf eine Natriumdüngung reagieren. Beta-Rüben, Mangold und Spinat werden durch Natrium auch dann in der Entwicklung und in den Erträgen gefördert, wenn ihnen ausreichend Kalium zur Verfügung steht. Das gilt in abgeschwächtem Umfang u. a. auch für Kohlarten, Baumwolle und Hafer, während andere Pflanzen nur dann auf eine Natriumdüngung reagieren, wenn sie unter Kaliummangel leiden, wie es etwa bei der Gerste, beim Flachs und beim Weizen u. a. zu beobachten ist. Buchweizen, Mais, Roggen und Sojabohne u. a. werden aber auch unter diesen Umständen nur wenig durch das Natrium beeinflußt (LEHR, 1953; HARMER und Mitarb., 1953; WYBENGA, 1957, u. a.).

Für die Aufklärung der physiologischen Bedeutung des Natriums bedeutet das unterschiedliche Verhalten der höheren Pflanzen gegenüber dem Natrium naturgemäß eine nicht zu übersehende Schwierigkeit. Es drängt sich aber als mögliche Erklärung die Ansicht auf, daß das Natrium zwar von allen Pflanzen benötigt wird, daß es aber für sehr viele Pflanzen nur den Charakter eines Mikronährstoffes hat und nur für relativ wenige den eines Makronährstoffes. Das sind grundsätzlich ähnliche Verhältnisse, wie wir sie auch vom Kalium her kennen, von dem wir ja wissen, daß die Ansprüche der Pflanzen an die Kaliumversorgung sehr unterschiedlich sind. Die vorhandenen Unterschiede sind nur gradueller Natur insofern, als die Mindestmengen, die für viele Pflanzen ausreichend zu sein scheinen, beim Natrium wesentlich geringer sind als beim Kalium (BAUMEISTER, 1960).

Hinsichtlich der physiologischen Wirkung des Natriums haben BAUMEISTER und SCHMIDT (1962) über den Einfluß des Natriums auf die CO_2-Assimilation höherer Pflanzen berichtet. Es konnte gezeigt werden, daß die auf die Blattflächeneinheit bezogene CO_2-Assimilation bei allen Versuchspflanzen gefördert oder zumindest nicht gehemmt wurde, wenn den Pflanzen in der Nährlösung Natriumchlorid an Stelle von Kaliumchlorid geboten wurde. Die assimilatorische Gesamtleistung der Pflanzen war aber von der Größe der assimilierenden Blattfläche abhängig. Das bedeutet, daß die Gesamtleistung vornehmlich vom Angebot an Kalium bestimmt wird, weil nur bei ausreichender Kaliumversorgung das vegetative Wachstum optimal ist. Wenn Pflanzen wie der Queller (*Salicornia europaea*) auch bei sehr geringen Kaliumgaben in der Nährlösung unter dem Einfluß von Natriumchlorid nicht nur eine gesteigerte CO_2-Assimilation je Blattflächeneinheit, sondern auch eine höhere Gesamtassimilation aufweisen, dann ist das nur ein Beweis dafür, daß der Queller besonders wenig Kalium benötigt.

Unsere Ansichten über besondere Beziehungen zwischen dem Natrium und der CO_2-Assimilation waren als Arbeitshypothese der Ausgangspunkt für weitere

Untersuchungen. Aus methodischen Erwägungen wurden diese mit Mikroorganismen durchgeführt. Die Frage, ob diese Natrium benötigen oder nicht, ist bisher noch weniger geklärt als bei den höheren Pflanzen. Immerhin ist aber bekannt, daß Leuchtbakterien in Abwesenheit von Natrium nur ein geringes oder überhaupt kein Leuchtvermögen zeigen (RICHTER, 1928; MUDRAK, 1933). Einige Blaugrüne Algen scheinen das Natrium für eine optimale Entwicklung zu benötigen (ALLEN, 1952; ALLEN und ARNON, 1955; KRATZ und MYERS, 1955). Ähnliche Feststellungen sind von RICHTER (1909) auch für Kieselalgen getroffen worden.

Unsere eigenen Untersuchungen wurden einmal mit dem Pilz *Aspergillus niger van Tiegh.* und zum anderen mit der Grünalge *Scenedesmus obliquus Turp.* durchgeführt (s. auch BADE, 1962, und CONRAD, 1964). Wir berücksichtigten bei der Auswahl der Versuchsobjekte Versuchsergebnisse von EYSTER (1958), nach denen die Grünalge *Chlorella* nur bei autotropher, nicht aber bei heterotropher Lebensweise durch das Natrium begünstigt wird.

Die besondere Bedeutung des Natriums für die Phosphataufnahme (LEWIS und Mitarb., 1952; LEHR und VAN WESEMAEL, 1952, u. a.) veranlaßte uns, auch den Einfluß des Natriums auf den Gehalt der Algenzellen an Gesamtphosphat und dessen Verteilung auf die einzelnen P-Fraktionen zu untersuchen. Wie sehr wir dabei auf dem richtigen Wege waren, zeigen die Versuchsergebnisse von SIMONIS und URBACH (1963).

I. Versuche mit *Aspergillus niger* van Tiegh

1. Methodische Hinweise

Für die Untersuchungen wurde eine Monosporenkultur verwendet, die nach den Angaben von Thom und Raper (1945) von einem *Aspergillus niger* – Stamm des Botanischen Institutes der Universität Münster – isoliert wurde. Diese Monosporenkultur wurde laufend weiter kultiviert und diente für die folgenden Versuche als Stammkultur.

Die Grundnährlösung – im folgenden als Nährlösung I bezeichnet – wurde nach Angaben von Steinberg (1946) zusammengestellt. Sie wurde sowohl in der Grundform verwendet als auch in Abwandlungen, die im folgenden als Nährlösung Ia und Ib gekennzeichnet werden.

Nährlösung I:

Aqua dest.	1000	ml	$FeCl_2 \cdot 4 H_2O$	0,40	mg
Saccharose	50,0	g	$ZnCl_2$	0,40	mg
NH_4NO_3	1,90	g	$CuCl_2 \cdot 2 H_2O$	0,10	mg
K_2HPO_4	0,35	g	$MnCl_2 \cdot 4 H_2O$	0,10	mg
$MgSO_4 \cdot 7 H_2O$	0,25	g	$(NH_4)_6Mo_7O_{24} \cdot 4 H_2O$	0,014	mg*

* an Stelle von 0,02 mg Molybdänchlorid bei Steinberg

Nährlösung Ia			Nährlösung Ib:		
Aqua dest.	1000	ml	Aqua dest.	1000	ml
Saccharose	50,0	g	Saccharose	50,0	g
NH_4NO_3	1,70	g	NH_4NO_3	1,70	g
$(NH_4)_2HPO_4$	0,27	g	$(NH_4)_2HPO_4$	0,27	g
KCl	0,30*	g	K_2SO_4	0,35*	g
(NaCl	0,23*	g)	(Na_2SO_4, wasserfrei	0,28*	g)
$MgSO_4 \cdot 7 H_2O$	0,25	g	$MgCl_2 \cdot 6 H_2O$	0,21	g
Mikronährstoffe	wie oben		Mikronährstoffe	wie oben	
* = 0,004 M			* = 0,002 M		

Die Anzucht des Pilzes erfolgte in 200 ml Erlenmeyerkolben, die je 60 ml Nährlösung enthielten. Die Gefäße wurden stets zweimal mit einer Sporensuspension unter Verwendung einer geeichten Impfnadel beimpft. Die Dauer der Bebrütung im Thermostaten betrug 5 Tage bei 35° C. Jede Reihe wurde in fünffacher Wiederholung angesetzt. Diese Methodik hatte sich in Vorversuchen als die für unsere Fragestellung geeignetste erwiesen.

Zur Bestimmung des Trockengewichtes wurden die Pilzdecken auf Veraschungsfiltern (Nr. 589[1] der Firma Schleicher und Schüll) mit einer Gewichtskonstanz von ± 0,25 mg gesammelt, fünfmal mit Aqua dest. gewaschen und dann mit dem Filter in Petrischalen nach stufenweiser Erwärmung 48 Stunden bei 103°C im Thermostaten getrocknet. Nach Abkühlung im Exsikkator wurden die Filter mit der Trockensubstanz gewogen und dann die Vorgänge des Trocknens, Abkühlens und Wägens wiederholt. Es war auf diese Weise möglich, zu einer Gewichtskonstanz von ± 0,5 mg zu gelangen. Die Differenz aus dem Gesamtgewicht von Pilz und Filter und dem Filtergewicht ergab dann das Trockengewicht des Pilzmyzels.

Hinsichtlich der Veraschung boten sich nach der Trockengewichtsbestimmung zwei Möglichkeiten. Man konnte einmal Filter und Myzel gemeinsam oder zum anderen das Myzel nach Abheben vom Filter allein veraschen. Da das Myzel aber nicht quantitativ vom Filter zu lösen war, mußte im letzteren Fall eine Korrektur des Aschenwertes vorgenommen werden. Bei niederen Konzentrationen in der Nährlösung war es gleichgültig, welche Art der Veraschung gewählt wurde. Anders lagen die Verhältnisse bei hohen Konzentrationen, wie sie bei Zugabe größerer Mengen von Natriumsalzen auftraten. In diesen Fällen erhielten wir die zuverlässigeren Werte, wenn wir eine alleinige Veraschung des Myzels vornahmen und die Aschenwerte anschließend rechnerisch korrigierten.

Die Veraschung selbst geschah in C1-Tiegeln mit Deckel im Muffelofen, und zwar 12 Stunden bei 150°C, 24 Stunden bei 300°C und 48 Stunden bei 480°C. Die weiße Asche wurde zur Entfernung von restlichen organischen Bestandteilen in 1 ml konzentrierter Salpetersäure (p. a. Merck) aufgelöst und nochmals verascht. Die Gewichtsbestimmung erfolgte nach zweistündigem Abkühlen der Tiegel im Exsikkator auf der METTLER-Halbmikrowaage mit einer Gewichtskonstanz von ± 0,05 mg.

2. Versuchsergebnisse

Auf Grund der Versuchsergebnisse von BENECKE (1896), SAUTON (1912), BUROMSKY (1913), PIRSCHLE (1935) sowie STEINBERG (1946) u. a. konnten wir davon ausgehen, daß der Pilz *Aspergillus niger* ohne Kalium nicht zu wachsen vermag. Ein völliger Ersatz der Kaliumsalze in der Nährlösung durch äquivalente Mengen von Natriumsalzen ist daher nicht möglich. Wir haben aber trotzdem einige orientierende Versuche angesetzt, um die Situation auch für unsere Versuchsanstellung zu klären. Das Ergebnis eines Versuches bringt die folgende Tab. 1.

Das Versuchsergebnis zeigte die erwartete Abhängigkeit des Myzelwachstums bei *Aspergillus niger* von einer ausreichenden Kaliumversorgung. Im weiteren Verlauf unserer Untersuchungen wurden den Kontrollreihen daher stets ausreichende Kaliummengen in der Nährlösung geboten. Wir sprechen im folgenden aus Gründen einer besseren Verständigung stets von »Kaliumkulturen«, wenn in der Nährlösung nur das Kalium, und von »Natriumkulturen«, wenn neben dem

Tab. 1 Wachstum von Aspergillus niger bei Ersatz des Kaliums in der Nährlösung durch äquivalente Mengen an Natrium.

Reihe	Phosphat	Anfangs-pH-Wert	End-pH-Wert	Trockengewicht in g
1	K_2HPO_4	6,86	2,51	1,1530 ± 0,0290
2	Na_2HPO_4	6,89	3,45	0,0007 ± 0,0003

Kalium auch Natrium anwesend war. Sinngemäß gilt das auch für die Bezeichnungen »Kaliumchlorid-Reihen und Kaliumsulfat-Reihen« bzw. »Natriumchlorid-Reihen und Natriumsulfat-Reihen«.

a) Einfluß von Natriumchlorid und Natriumsulfat in der Nährlösung auf das Wachstum von Aspergillus niger bei zunehmendem Kaliummangel

Da in der Grundnährlösung (I) das Kalium als Kaliumphosphat vorliegt, war diese Nährlösung für die hier zu beschreibenden Versuchsserien nicht ohne weiteres geeignet. Es wurden daher modifizierte Nährlösungen verwendet, bei denen u. a. das Kaliumphosphat durch Ammoniumphosphat ersetzt wurde. Die der Nährlösung zugegebene Menge an Ammoniumnitrat wurde zum Ausgleich entsprechend vermindert.

Chlorid-Reihen

In dieser Versuchsserie wurde die Nährlösung Ia verwendet, wobei die Kaliumgabe von K $1/1$ (= 0,004 M KCl) bis auf K $1/16$ (= 0,00025 M KCl) vermindert wurde. In einer Parallelserie ersetzten wir das fehlende Kalium jeweils durch äquivalente Mengen an Natrium bzw. Natriumchlorid.
Das Myzelwachstum (Tab. 2) und die Konidienbildung wurden mit sinkendem Kaliumgehalt zunehmend gehemmt. Die Hyphen sahen weich und schleimig aus, und das submerse Wachstum der Myzeldecken nahm zu. Auch zeigte sich ab Reihe 4 (K $1/4$) eine zunehmende Gelbfärbung der oberen Myzelschichten.
Gegenüber den entsprechenden »Kaliumkulturen« wiesen die »Natriumkulturen«, wenn die Kaliumversorgung unter 50% der normalen Gabe gesunken war, ein festeres und etwas kräftigeres Myzel auf, das aber ebenfalls gelb verfärbt war. Die Konidienbildung war in den »Natriumkulturen« besser als in den »Kaliumkulturen«.
Diese Feststellungen besagen, daß bei Kaliummangel eine Zugabe von Natriumsalzen sowohl das Myzelwachstum als auch die Konidienbildung relativ verbesserte. Doch war die Förderung durch das Natrium nur dann erheblich, wenn die Kaliumversorgung unter 50% der vollen Gabe lag. Der Ersatz der fehlenden Kaliummenge durch äquivalente Natriummengen bewirkte einen Anstieg in den

Tab. 2 Einfluß von Natriumchlorid in der Nährlösung auf das Wachstum von Aspergillus niger bei zunehmendem Kaliummangel

Reihe	KCl	NaCl	Anfangs-pH-Wert	End-pH-Wert	Trockengewicht in g	in %*	± % durch Na
1	1/1	–	6,98	2,53	1,122 ± 0,025	(100)	
2	1/2	–	6,99	2,56	1,002 ± 0,014	89	
3	1/2	1/2	6,96	2,24	1,045 ± 0,014	93	4
4	1/4	–	7,01	2,02	0,750 ± 0,034	67	
5	1/4	3/4	7,00	2,16	0,841 ± 0,022	75	12
6	1/8	–	7,01	1,73	0,413 ± 0,016	37	
7	1/8	7/8	6,94	1,82	0,551 ± 0,015	49	33
8	1/16	–	7,00	2,06	0,231 ± 0,014	21	
9	1/16	15/16	6,92	1,77	0,349 ± 0,022	31	51

* Wert der Reihe 1 (Kontrolle) = 100%

relativen Myzelgewichten (K 1/1 = 100%), bei K 1/4 von 67 auf 75%, bei K 1/8 von 37 auf 49% und bei K 1/16 von 21 auf 31%. Umgerechnet entspricht das Steigerungen in den Myzelgewichten durch das Natrium von 12% bei K 1/2, von 33% bei K 1/8 und von 51% bei K 1/16. Die Förderung des Myzelwachstums nahm also mit steigendem Kaliummangel zu. Es sei aber betont, daß bei Kaliummangel in keinem Fall, gleichgültig ob Natrium anwesend war oder nicht, die Trockengewichtserträge der Kontrollreihe mit voller Kaliumgabe erreicht wurden.

Sulfat-Reihen

Da an der relativen Wachstumsförderung nach Zugabe von Natriumchlorid neben dem Natrium auch das Chlorid beteiligt sein kann, wurden in einer weiteren Versuchsreihe an Stelle der Chloride die Sulfate des Kaliums bzw. Natriums verwendet. Die Kultur des Pilzes erfolgte in der modifizierten Nährlösung Ib.
Auch in dieser Versuchsserie sind, wie die Werte der Tab. 3 beweisen, die Erträge an Trockensubstanz mit abnehmenden Kaliumgaben stark vermindert worden, und zwar von 100 auf 19%. Durch die zusätzlichen Natriumsulfatgaben wurden die Ertragseinbußen z. T. wieder aufgehoben. So sind die Werte für die Trockensubstanz in den Reihen mit den niedrigsten Kaliumgaben (K 1/8, K 1/16) durch das Natriumsulfat (Na 7/8, Na 15/16) jeweils um 30% bzw. 47% verbessert worden.
Hinsichtlich der morphologischen Beschaffenheit der Myzeldecken ergaben sich in den Natriumsulfat-Reihen keine Abweichungen von den Beobachtungen, die bereits für die Natriumchlorid-Reihen mitgeteilt wurden.
Beim Vergleich der Trockengewichtserträge der Chloridserie mit denen der Sulfatserie fällt aber auf, daß die Trockengewichtswerte in der Sulfatserie jeweils geringer sind als in den entsprechenden Reihen der Chloridserie. In den »Kaliumkulturen« betragen die Ertragsminderungen bei stärkerem Kaliummangel (K 1/4

Tab. 3 Einfluß von Natriumsulfat in der Nährlösung auf das Wachstum von Aspergillus niger bei zunehmendem Kaliummangel

Reihe	K_2SO_4 (K)	Na_2SO_4 (Na)	Anfangs-pH-Wert	End-pH-Wert	Trockengewicht in g	in %*	± % durch Na
1	1/1	–	6,87	2,14	1,044 ± 0,014	(100)	
2	1/2	–	6,85	2,26	0,962 ± 0,014	92	
3	1/2	1/2	6,80	1,87	0,928 ± 0,034	89	– 4
4	1/4	–	6,85	1,71	0,667 ± 0,038	64	
5	1/4	3/4	6,80	1,55	0,737 ± 0,012	71	+ 11
6	1/8	–	6,88	1,49	0,364 ± 0,020	35	
7	1/8	7/8	6,78	1,46	0,472 ± 0,018	45	+ 30
8	1/16	–	6,89	1,91	0,203 ± 0,003	19	
9	1/16	15/16	6,75	1,61	0,298 ± 0,008	29	+ 47

* Wert der Reihe 1 (Kontrolle) = 100%

bis K 1/16) 11 bis 12% und in den »Natriumkulturen« sogar 13 bis 14%. Eine genauere Übersicht über die Ertragsunterschiede bringt die folgende Aufstellung:

K	Na	Chlorid-Reihen in g	Sulfat-Reihen in g	in %*
1/1	–	1,222	1,044	93
1/2	–	1,002	0,962	96
1/2	1/2	1,045	0,928	89
1/4	–	0,750	0,667	89
1/4	3/4	0,841	0,737	87
1/8	–	0,413	0,364	88
1/8	7/8	0,551	0,472	86
1/16	–	0,231	0,203	88
1/16	15/16	0,349	0,298	86

* Werte der Chlorid-Reihe jeweils = 100%

b) Einfluß steigender Natriumchlorid-Konzentrationen in der Nährlösung auf das Wachstum von Aspergillus niger bei unterschiedlicher Kaliumversorgung

In den folgenden Versuchsserien wurde der Einfluß steigender Natriumchlorid-Konzentrationen in der Nährlösung auf die Myzelentwicklung von *Aspergillus niger* untersucht. Die Kaliumgabe blieb in der Einzelserie konstant, verminderte sich aber von Serie zu Serie, und zwar von K 1/1 über K 1/2 und K 1/4 zu K 1/8 und K 1/16.

Die Grundnährlösung enthielt in diesen Versuchen als volle Kaliumgabe 0,004 M KCl. Die Natriumchlorid-Konzentrationen wurden im Bereich von 0,004 bis 1,28 M NaCl gestaffelt, die höchste Konzentration war damit um 320mal höher als die Ausgangskonzentration.

Aspergillus niger wurde, wie die Ergebnisse der Tab. 4 ausweisen, bei voller Kaliumversorgung erst durch NaCl-Konzentrationen über 0,032 M ernsthaft im Wachstum beeinträchtigt. Interessant ist, daß aber selbst eine NaCl-Konzentration von 1,024 M noch ein begrenztes Wachstum des Pilzes zuläßt. Erst bei einer Konzentration von 1,28 M NaCl hört das Myzelwachstum praktisch auf, was sich auch darin zu erkennen gibt, daß der End-pH-Wert der Nährlösung mit pH 5,66 relativ hoch geblieben und nur geringfügig gegenüber dem Ausgangswert abgesunken ist. Nennenswerte Änderungen in der Zusammensetzung der Nährlösung durch die Stoffaufnahme sind also nicht eingetreten.

Tab. 4 Einfluß steigender Natriumchlorid-Konzentrationen auf das Wachstum von Aspergillus niger bei voller Kaliumchlorid-Gabe

Reihe	NaCl in M	Anfangs-pH-Wert	End-pH-Wert	Trockengewicht in g	in % zur Kontrolle
1	0	6,88	2,39	1,161 ± 0,028	(100)
2	0,004	6,82	2,46	1,150 ± 0,034	99
3	0,016	6,78	2,50	1,156 ± 0,013	99
4	0,032	6,78	2,46	1,126 ± 0,009	97
5	0,064	6,69	2,25	0,997 ± 0,057	86
6	0,128	6,67	2,16	0,886 ± 0,022	76
7	0,512	6,48	1,72	0,563 ± 0,047	50
8	0,768	6,43	1,70	0,334 ± 0,018	29
9	1,024	6,40	1,87	0,192 ± 0,036	17
10	1,280	6,32	5,66	0,013 ± 0,005	1

Bei der Beobachtung des Pilzwachstums konnte festgestellt werden, daß die höheren NaCl-Konzentrationen eine hemmende Wirkung auf die Sporenkeimung ausübten. Ab Reihe 8 (0,768 M NaCl) zeigte sich weiterhin eine Verzögerung des Myzelwachstums, und bereits ab Reihe 7 (0,512 M NaCl) nahm auch der submers wachsende Myzelanteil zu. Die Konidienbildung war jedoch in allen Reihen gleich gut und erschien im Gegensatz zu den Beobachtungen von MOLLIARD (1921) bei höheren NaCl-Konzentrationen im Verhältnis zum Myzelwachstum eher gefördert als gehemmt. Bei den Kulturen auf höher konzentrierten Lösungen veränderte sich die Farbe der Konidien von schwarz-braun nach schwarz. Ähnliche Feststellungen machten auch YASUDA (1908) und PIRSCHLE (1935). THOM und RAPER (1945) wiesen allerdings auf den Umstand hin, daß die Konidienfarbe innerhalb eines *Aspergillus niger*-Stammes leicht wechseln kann, und auch in den eigenen Versuchen schwankte die Konidienfarbe innerhalb einer Parallelserie in einem gewissen Umfang.

Es sei noch erwähnt, daß die Länge der Konidiophoren mit steigenden NaCl-Konzentrationen zunahm. So waren die Konidienträger in den Reihen mit 1,024 bzw. 1,280 M NaCl fast zweimal so lang wie in der Kontrollreihe ohne NaCl-Zusatz. Messungen ergaben eine Durchschnittslänge der Konidiophoren von 5,17 ± 0,52 mm bei 1,024 M NaCl. Diese Beobachtung steht im Widerspruch zu den Mitteilungen von YASUDA (1908) über eine geringere Höhe der Konidiophoren bei hohen Natrium- und Kaliumkonzentrationen.

In den folgenden Versuchsserien wurde die Kaliumgabe in der Nährlösung schrittweise auf $1/2$, $1/4$, $1/8$ bzw. $1/16$ der vollen Kaliumgabe herabgesetzt. Die NaCl-Konzentrationen variierten in den Bereichen von 0,000125 bis 1,28 M. Genauere Angaben finden sich in der Tab. 5.

Die Versuchsergebnisse der Tab. 5 zeigen, daß der Pilz *Aspergillus niger* sich bei halber Kaliumgabe ähnlich verhält wie bei voller Kaliumgabe. Ein Kaliummangel trat also hier noch nicht in Erscheinung. Es deutet sich aber bereits eine Verschiebung hinsichtlich der NaCl-Wirkung in dem Sinne an, daß geringe NaCl-Konzentrationen leicht fördernd und mittlere sowie höhere stärker hemmend wirken.

Bei weiterer Verminderung der Kaliumgabe wird eine recht deutliche Förderung des Myzelwachstums bei *Aspergillus niger* durch niedere NaCl-Konzentrationen erkennbar. So beträgt die relative Förderung des Myzelwachstums bei einer NaCl-Konzentration von 0,00025 M 11% bei der $1/4$, 18% bei der $1/8$ und 26% bei der $1/16$ Kaliumgabe. Noch höher sind die Steigerungen in den Myzelgewichten durch eine 0,001 bzw. 0,004 M NaCl-Konzentration. Sie betragen bei den genannten Kaliumgaben 18%, 26% und 34% bzw. 17%, 23% und 46%. Die Förderung des Myzelwachstums durch die NaCl-Düngung tritt also stets um so deutlicher in Erscheinung, je niedriger der Kaliumgehalt der Nährlösung ist. Weiterhin zeigt der Vergleich der Zahlenwerte in den Tab. 4 und 5, daß der fördernd wirkende Bereich der NaCl-Konzentrationen um so größer wird, je niedriger die Kaliumgabe in der Nährlösung ist. Werte über 100% für das relative Trockengewicht wurden ermittelt bei einer $1/4$ bzw. $1/8$ Kaliumdüngung für NaCl-Konzentrationen von 0,00025 bis 0,032 M und bei einer $1/16$ Kaliumdüngung für NaCl-Konzentrationen von 0,000125 bis 0,128 M.

Die schon in den vorhergehenden Versuchsserien beobachtete Zunahme der Wachstumshemmung durch höhere NaCl-Konzentrationen bei stärker werdendem Kaliummangel kommt in dieser Versuchsserie ebenfalls noch klarer zur Ausprägung, wie eine Zusammenstellung der relativen Trockengewichtswerte (ohne Natrium = 100%) beweist:

	Kaliumgaben in Teilen der vollen Gabe				
	$1/1$	$1/2$	$1/4$	$1/8$	$1/16$
0,512 M NaCl	50	45	47	41	7
0,768 M NaCl	29	24	26	2	–
1,024 M NaCl	17	1	–	–	–
1,280 M NaCl	1	–	–	–	–

Tab. 5 *Einfluß steigender Natriumchlorid-Konzentrationen in der Nährlösung bei zunehmendem Kaliummangel auf das Wachstum von Aspergillus niger*

Reihe	NaCl in M	Anfangs-pH-Wert	End-pH-Wert	Trockengewicht in g	in % zur Kontrolle
Kaliumgabe: 1/2					
1	0	6,81	2,28	1,051 ± 0,014	(100)
2	0,002	6,80	2,16	1,111 ± 0,015	106
3	0,004	6,83	2,03	1,080 ± 0,016	103
4	0,032	6,59	2,06	1,012 ± 0,031	96
5	0,064	6,64	2,05	0,954 ± 0,020	91
6	0,256	6,47	1,66	0,656 ± 0,027	62
7	0,512	6,44	1,47	0,476 ± 0,037	45
8	0,768	6,30	1,48	0,250 ± 0,036	24
9	1,024	6,34	4,96	0,006 ± 0,004	1
10	1,280	6,30	–	nur einzelne Sporen gekeimt	
Kaliumgabe: 1/4					
1	0	6,91	2,05	0,729 ± 0,016	(100)
2	0,00025	6,90	2,08	0,807 ± 0,034	111
3	0,001	7,00	2,19	0,859 ± 0,040	118
4	0,002	6,92	2,03	0,862 ± 0,035	118
5	0,004	6,95	2,00	0,850 ± 0,013	117
6	0,032	6,92	2,01	0,762 ± 0,014	105
7	0,064	6,70	2,00	0,687 ± 0,020	94
8	0,256	6,70	1,84	0,542 ± 0,025	74
9	0,512	6,57	1,77	0,341 ± 0,020	47
10	0,768	6,49	1,94	0,190 ± 0,016	26
Kaliumgabe: 1/8					
1	0	6,98	1,80	0,373 ± 0,005	(100)
2	0,00025	7,00	1,76	0,440 ± 0,012	118
3	0,001	7,01	1,77	0,471 ± 0,006	126
4	0,002	6,98	1,74	0,465 ± 0,005	125
5	0,004	6,98	1,75	0,459 ± 0,020	123
6	0,032	7,07	1,86	0,375 ± 0,030	101
7	0,064	6,99	1,91	0,325 ± 0,013	86
8	0,256	6,91	1,90	0,294 ± 0,009	68
9	0,512	6,94	1,96	0,152 ± 0,038	41
10	0,786	6,70	3,80	0,009 ± 0,004	2
Kaliumgabe: 1/16					
1	0	6,83	1,98	0,259 ± 0,003	(100)
2	0,000125	6,84	1,88	0,304 ± 0,013	119
3	0,00025	6,78	1,80	0,326 ± 0,009	126
4	0,001	6,84	1,81	0,347 ± 0,007	134
5	0,004	6,85	1,80	0,378 ± 0,014	146
6	0,032	6,80	1,83	0,325 ± 0,020	125
7	0,128	6,73	1,84	0,289 ± 0,016	112
8	0,256	6,60	2,05	0,170 ± 0,039	66
9	0,512	6,39	4,11	0,018 ± 0,014	7
10	0,768	6,41	–	nur einzelne Sporen gekeimt	

Es konnte weiterhin festgestellt werden, daß in den »Natriumkulturen« die Ausbildung des Myzels wesentlich fester war als in den »Kaliumkulturen«. Allerdings wurde das Myzel auch unter dem Einfluß hoher NaCl-Konzentrationen wieder weicher. Hinsichtlich der Färbung des Myzels wurde beobachtet, daß in den natriumfreien Kontrollen (»Kaliumkulturen«) wie auch in den »Natriumkulturen« bei niederen und mittleren NaCl-Konzentrationen gelb gefärbte Myzelien auftraten. Erst bei den Reihen mit hohen NaCl-Konzentrationen wurde das Myzel weiß. Mit steigenden NaCl-Konzentrationen nahm die Höhe der Konidiophoren zu, vermehrte sich die Menge an gebildeten Konidien und intensivierte sich die Konidienfarbe nach schwarz hin.

c) Einfluß steigender Natriumsulfat-Konzentrationen in der Nährlösung auf das Wachstum von Aspergillus niger bei unterschiedlicher Kaliumversorgung

Die Beobachtungen bezüglich der morphologischen Beschaffenheit der Pilzmyzelien bei steigenden Na_2SO_4-Konzentrationen und voller Kaliumgabe glichen im wesentlichen denen, die für die NaCl-Serie beschrieben wurden. An Stelle einer deutlichen Schwärzung der Konidien durch höhere NaCl-Konzentrationen trat jedoch bei höheren Na_2SO_4-Konzentrationen eine Intensivierung der Braunfärbung ein. Ähnliche Feststellungen machte YASUDA (1908) bei Versuchen mit steigenden K_2SO_4-Konzentrationen und sah darin Wirkungen der Sulfat-Ionen.
Die Gelbfärbung der oberflächlichen Myzelschichten zeigte sich in den Sulfat-Serien bei allen Kulturen mit Na_2SO_4-Konzentrationen über 0,032 M. Förderung der Konidienbildung und Verlängerung der Konidiophoren waren auch in diesen Versuchsserien typische Auswirkungen hoher Natriumsalz-Konzentrationen.
Bei voller Kaliumgabe hatten zusätzliche Natriumsulfatgaben in keinem Fall eine Förderung des Myzelwachstums bei *Aspergillus niger* zur Folge (Tab. 6). Mit zu-

Tab. 6 Einfluß steigender Natriumsulfat-Konzentrationen auf das Wachstum von Aspergillus niger bei unterschiedlicher Kaliumgabe in der Nährlösung

Na_2SO_4 in M	Kaliumgabe in Teilen der vollen Gabe				
	$1/1$	$1/2$	$1/4$	$1/8$	$1/16$
0	100	100	100	100	100
0,004	94	105	108	125	145
0,008	91	98			136
0,064	85	89		100	104
0,256	74	82	77	23	12
0,512	67	62	34		
0,768	39	34	kein Myzelwachstum		
0,896	16	6	kein Myzelwachstum		
1,024	2		kein Myzelwachstum		

Relative Werte (ohne Natrium = 100%)

nehmender Höhe der Na₂SO₄-Konzentrationen steigerte sich sogar die Hemmung des Wachstums.

Entsprechend den Verhältnissen der Chlorid-Reihen zeigten sich auch in den Sulfatserien bei halber Kaliumgabe bereits die ersten Andeutungen einer Wachstumsförderung durch niedere Na₂SO₄-Konzentrationen. Ebenso ist übereinstimmend festzustellen, daß bei halber Kaliumgabe die schädliche Wirkung hoher Na₂SO₄-Konzentrationen verstärkt in Erscheinung tritt (Tab. 6).

Die weitere Verminderung der Kaliumgabe auf K $^1/_4$ bzw. K $^1/_8$ und K $^1/_{16}$ führte einmal zu der erwarteten Verminderung der absoluten Werte für die Trockengewichtserträge, verstärkte zum anderen aber auch die je nach der Konzentration fördernde oder hemmende Wirkung des zusätzlich gebotenen Natriumsulfats. So betrug die relative Ertragssteigerung als Folge der Zugabe von Na₂SO₄ (0,004 M) bei K $^1/_4$ 8%, bei K $^1/_8$ 25% und bei K $^1/_{16}$ 45%. Der fördernde Bereich der Na₂SO₄-Konzentrationen war zudem um so weiter, je geringer die Kaliumgabe dosiert war, und betrug z. B. bei:

K $_{1/2}$ 0,001 –0,004 M Na₂SO₄
K $_{1/4}$ 0,000125–0,004 M Na₂SO₄
K $_{1/8}$ 0,000125–0,032 M Na₂SO₄
K $_{1/16}$ 0,000063–0,064 M Na₂SO₄

Die schädigende Wirkung hoher Na₂SO₄-Konzentrationen nahm ebenfalls mit zunehmendem Kaliummangel zu, wie die Zusammenstellung der relativen Trockengewichtswerte in Tab. 6 deutlich ausweist.

Diese Ergebnisse entsprechen im wesentlichen denen der Chlorid-Serien, doch ist die hemmende Wirkung hoher Konzentrationen beim Sulfat ausgeprägter als beim Chlorid. Es ist aber zu beachten, daß gleichmolare Na₂SO₄- und NaCl-Konzentrationen unterschiedliche Natriummengen enthalten. Werden die Ergebnisse von Reihen mit äquivalenten Mengen an Natrium in der Nährlösung verglichen, dann ergibt sich folgendes Bild:

	Relative Trockengewichte (ohne Na = 100%)				
	K $^1/_1$	K $^1/_2$	K $^1/_4$	K $^1/_8$	K $^1/_{16}$
0,256 M NaCl	66	62	74	68	66
0,128 M Na₂SO₄	79	87	88	85	64
0,512 M NaCl	50	45	47	41	7
0,256 M Na₂SO₄	74	82	77	23	12
1,024 M NaCl	17	1	1	–	–
0,512 M Na₂SO₄	67	62	34	–	–

Der Vergleich der Zahlenwerte läßt erkennen, daß sich in unseren Versuchen die Auswirkungen einmal der molaren Konzentration der Salze und zum anderen des Natriumgehaltes auf das Wachstum von *Aspergillus niger* überschneiden. Bei gleichen Natriummengen wirken die Chloride jeweils ungünstiger als die Sulfate, wobei es ungeklärt bleibt, ob dafür die Anionen oder die unterschiedliche molare Konzentration der Salze verantwortlich zu machen sind.

d) Einfluß steigender Natriumsulfat-Konzentrationen auf den Aschengehalt des Myzels von Aspergillus niger bei unterschiedlicher Kaliumversorgung

In der Sulfat-Serie wurde neben dem Trockengewicht auch der Aschengehalt des Myzels bestimmt. Die Ergebnisse dieser Bestimmungen seien im folgenden kurz dargestellt.

Die Wirkung der unterschiedlichen Kaliumgrunddüngung prägt sich in den natriumfreien Kulturen (»Kaliumkulturen«) darin aus, daß der Aschengehalt in % der Tr.-S. mit zunehmendem Kaliummangel ansteigt oder umgekehrt ausgedrückt mit steigenden Kaliumgaben vermindert wird. Das beweisen die folgenden Ergebnisse der Aschenanalysen:

	Aschengehalt des Pilzmyzels	
	in % der Tr.-S.	in % von K $1/1$
K $1/1$	$1{,}69 \pm 0{,}05$	(100)
K $1/2$	$1{,}72 \pm 0{,}04$	102
K $1/4$	$1{,}81 \pm 0{,}10$	107
K $1/8$	$2{,}19 \pm 0{,}03$	130
K $1/16$	$2{,}67 \pm 0{,}04$	152

Tab. 7 Einfluß steigender Natriumsulfat-Konzentrationen in der Nährlösung auf den Aschengehalt des Myzels von Aspergillus niger bei voller Kaliumversorgung

Reihe	Na_2SO_4 in M	Aschengehalt des Myzels	
		in % Tr.-S.	in % zur Kontrolle (ohne Na)
1	–	$1{,}69 \pm 0{,}05$	(100)
2	0,002	$1{,}97 \pm 0{,}11$	117
3	0,004	$2{,}27 \pm 0{,}06$	134
4	0,008	$2{,}54 \pm 0{,}08$	150
5	0,064	$2{,}93 \pm 0{,}06$	173
6	0,256	$5{,}08 \pm 0{,}13$	301
7	0,512	$5{,}79 \pm 0{,}26$	343
8	0,768	$6{,}10 \pm 0{,}78$	361
9	0,896	$5{,}68 \pm 0{,}94$	336
10	1,024	$5{,}45 \pm 0{,}32$	322

Der allgemein feststellbare Anstieg der prozentualen Aschenwerte mit zunehmenden Na_2SO_4-Konzentrationen ist begrenzt. Eine Steigerung der Konzentration über 0,256 M hinaus hat auf den prozentualen Aschengehalt nur noch einen geringen Einfluß, wie die Aschenwerte der Tab. 7 ausweisen. Zu beachten sit auch, daß die Aschenwerte in den Reihen mit hohen Na_2SO_4-Konzentrationen mit sehr großen Fehlern belastet sind, so daß praktisch alle Werte innerhalb der Fehlergrenze liegen.

Die Auswirkung steigender Na_2SO_4-Konzentrationen auf den Aschengehalt von *Aspergillus niger* bei zunehmendem Kaliummangel ist dahingehend zu charakterisieren, daß die absolute Steigerung der Aschenwerte mit dem Anstieg der Na_2SO_4-Konzentrationen auch bei Kaliummangel zu erkennen ist, das Ausmaß, dieser Erhöhung aber vermindert wird. Insbesondere sind die Unterschiede in den Aschenwerten der Myzelien von »Kaliumkulturen« und »Natriumkulturen« verringert. Während bei voller Kaliumversorgung die relative Erhöhung in den Aschenwerten der »Natriumkulturen« bei den Na_2SO_4-Konzentrationen 0,004 M, 0,064 M und 0,256 M 34%, 73% und 201% beträgt, sind die entsprechenden Zahlenwerte bei starkem Kaliummangel (K $1/16$) auf 12%, 42% und 63% vermindert. Das ergibt sich in eindeutiger Weise aus der folgenden Zusammenstellung:

Kaliumgabe	Na_2SO_4-Konzentration in M		
	0,004	0,064	0,256
	Aschengehalt in % Tr.-S.		
K $1/1$ (= 0,002 M K_2SO_4)	2,27 ± 0,06	2,93 ± 0,06	5,08 ± 0,13
K $1/2$	2,09 ± 0,06	3,19 ± 0,06	5,19 ± 0,21
K $1/8$	2,54 ± 0,08	3,37 ± 0,10	5,55 ± 0,24
K $1/16$	3,00 ± 0,04	3,80 ± 0,06	4,36 ± 0,31
	Aschengehalt in % der Kontrolle (ohne Na)		
K $1/1$	134	173	301
K $1/2$	122	185	302
K $1/8$	116	154	253
K $1/16$	112	142	163

II. Versuche mit *Scenedesmus obliquus* Turp.

1. Methodische Hinweise

Die Versuche wurden mit *Scenedesmus obliquus* Turp. (Stamm 276-3c der Algensammlung des Pflanzenphysiologischen Institutes Göttingen) durchgeführt. Diese zu der Ordnung *Chroococcales* gehörende Grünalge ist bereits häufig für physiologische Untersuchungen verwendet worden (ÖSTERLIND, 1950; ARNON und Mitarb., 1955; MEFFERT, 1960, 1964; MÜLLER, 1961, u. a.). In stehenden oder schwach fließenden Gewässern bildet diese Alge Zellkolonien aus 4 oder 8 miteinander verbundenen Zellen. Die Kolonien zerfallen beim Schütteln der Kulturgefäße in Einzelzellen, was für Wachstumsmessungen aber nur günstig ist.

a) Kulturmethode

Die Anzucht der Algen erfolgte in einem Lichtthermostaten der Fa. Kniese, Marburg-Marbach, dessen Beschreibung bei LORENZEN (1959) vorliegt. Die für die Anzucht gewählte Beleuchtungsstärke betrug in Höhe der Kulturröhren 6000 Lux (3 Osram-L 40 W/32 und 2 Osram-L 40 W/15), die Temperatur des Wasserbades 25°C ($\pm$ 0,1°C). Als Anzuchtsgefäße wurden, wie allgemein üblich, etwa 300 ml fassende Röhren aus Jenaer Glas mit unten angeschmolzenem Kapillarrohr verwendet.

Die Kulturen wurden während der 10 bis 14 Tage dauernden Anzucht ständig belüftet (Durchflußmenge 30 $\pm$ 3 Liter/Stunde). Die Luft wurde vor dem Einleiten in die Kulturlösung durch drei hintereinander geschaltete sterile Wattefilter und zwei Waschflaschen mit sterilem Aqua dest. gereinigt und angefeuchtet. Eine zusätzliche Anreicherung mit CO_2-Gas wurde nicht vorgenommen.

Die Anzucht der Algen erfolgte im Licht-Dunkel-Wechsel von 14 : 10 Stunden, wobei der Verlauf des Teilungswachstums jeweils zu Beginn und am Ende der Lichtperiode überprüft wurde. Diese Versuchsanstellung ermöglichte nur eine teilsynchrone Kultur, die aber für die Erreichung unseres Versuchszieles ausreichend war.

Für die Versuche mußte eine Veränderung der Standardnährlösung für Algen (LORENZEN, 1957; MÜLLER, 1961) vorgenommen werden, da bei dieser Lösung jede Änderung der Kalium- und Natriumgaben gleichzeitig auch die Nitrat- und Phosphatversorgung der Algen beeinflußt. Die Nährsalze KNO_3 und NaH_2PO_4 wurden deshalb durch KCl, NH_4NO_3 und $NH_4H_2PO_4$ ersetzt. Diese Modifikation der Nährlösung ist gut vertretbar, zumal bekannt ist, daß *Scenedesmus obliquus* sowohl in synchronen als auch in nichtsynchronen Kulturen in Ammoniumhaltigen Nährlösungen besser wächst als in Nitrat-haltigen (MEFFERT 1964). Die zur Normalanzucht verwendete Nährlösung hatte folgende Zusammensetzung:

Aqua dest.	1000 ml	H_3BO_3	2,86 mg
KCl	0,075 g	$MnSO_4 \cdot H_2O$	1,69 mg
NH_4NO_3	0,240 g	$ZnSO_4 \cdot 7\,H_2O$	0,29 mg
$NH_4H_2PO_4$	0,460 g	$CuSO_4 \cdot 5\,H_2O$	0,08 mg
$MgSO_4 \cdot 7\,H_2O$	0,123 g	$CoCl_2 \cdot 6\,H_2O$	0,06 mg
$Ca(NO_3)_2 \cdot 4\,H_2O$	0,024 g	$(NH_4)_6Mo_7O_{24} \cdot 4\,H_2O$	0,12 mg

Die Eisenversorgung erfolgte durch Zugabe von 0,5 ml Fe-EDTA/l Nährlösung, was einer Menge von 2,5 mg Fe entspricht. Hergestellt wurde der Fe-Komplex nach den Angaben von ARNON und Mitarbeitern (1955). Der pH-Wert der Nährlösung wurde mit einigen Tropfen verd. NH_3 auf pH 6,5 bis 7,0 eingestellt. Die verwendeten Salze waren p. a.-Reagenzien der Fa. Merck (Darmstadt). Vor dem Ansetzen der Kulturen wurden die Nährlösungen im Autoklaven bei 120° C und 1 Atü 20 min sterilisiert. Die Fe-EDTA-Lösung wurde dabei getrennt behandelt, um zu vermeiden, daß das Eisen durch andere Schwermetallionen aus dem Komplex verdrängt wird.

Wie schon erwähnt, wurde auf das Einleiten von CO_2-Gas verzichtet, doch wurde der Nährlösung in der Regel 0,001 M $KHCO_3$ zugesetzt (s. ÖSTERLIND, 1950). In einigen Fällen unterblieb aber aus methodischen Gründen die zusätzliche C-Anreicherung vollständig.

Die Nährlösung (200 ml) wurde mit 1 ml Algensuspension beimpft. Zu diesem Zweck wurden die Algen von etwa 3 bis 4 Wochen alten Agar-Stammkulturen durch vorsichtiges Schütteln mit sterilem Aqua dest. suspendiert und anschließend noch einmal gewaschen. Das Beimpfen erfolgte unter sterilen Bedingungen jeweils eine Stunde vor Beginn der Dunkelperiode.

Die Zahl der Zellen in 1 mm^3 Algensuspension wurde mit der Zählkammer nach THOMA bestimmt. Dabei wurden in der Regel 6 Gruppenquadrate mit insgesamt 96 kleinsten Feldern ausgewählt.

Zur Bestimmung des Trockengewichtes wurden 100 ml Algensuspension abzentrifugiert und der Rückstand anschließend noch zweimal mit Aqua dest. gewaschen. Die Algen wurden dann in kleine Porzellantiegel gespült und bei 105° C bis zur Gewichtskonstanz getrocknet.

Aus arbeitstechnischen Gründen konnten die Versuchsserien häufig nicht in vollem Umfang gleichzeitig angesetzt werden, da die zeitgerechte Aufarbeitung des anfallenden Materials mit den zur Verfügung stehenden Mitteln nicht möglich war. In diesen Fällen wurden die Serien geteilt, jeder Unterserie aber dabei eine eigene Kontrollreihe zugeordnet. Bei den Ergebnissen sind dann jeweils nur die relativen, nicht aber die absoluten Werte vergleichbar.

b) Analysenmethoden

Die quantitative Bestimmung der Chlorophylle a und b sowie der Gesamtcarotinoide erfolgte auf spektralphotometrischem Wege in der Rohchlorophyll-

Lösung (Methode nach SCHÖNEBERGER 1957). Die Extinktionen wurden bei folgenden Wellenlängen gemessen:

Chlorophyll a bei 660 nm (COMAR und ZSCHEILE, 1942)
Chlorophyll b bei 642,5 nm (COMAR und ZSCHEILE, 1942)
Gesamtcarotinoide bei 477 nm (SCHÖNEBERGER, 1957)

Der Pigmentgehalt konnte dann durch Einsetzen der gemessenen Extinktionen in die von SCHÖNEBERGER (1957) aufgestellten Gleichungen errechnet werden. Als Bezugsgrößen wurden das Trockengewicht und die Zellzahl gewählt.
Die Phosphatfraktionierung und Phosphatbestimmung wurden unter Berücksichtigung von Angaben bei KANDLER (1950), PIRSON und KUHL (1958) sowie OVERBECK (1962) vorgenommen. Dabei konnten fünf verschiedene P-Fraktionen erfaßt werden, und zwar das: Anorganische Phosphat (A-Ph), das Trichloressigsäure-lösliche labile Phosphat (»7-min-Phosphat«, Sl-7 Ph), das Trichloressigsäure-lösliche stabile Phosphat (Sl-StOPh), das Trichloressigsäure-unlösliche labile Phosphat (Su-7 Ph) und das Trichloressigsäure-unlösliche stabile Phosphat (Su-StOPh).
20 ml Algensuspension wurden durch wiederholtes Zentrifugieren dreimal mit Aqua dest. gewaschen und der Algenrückstand in 5 ml eiskalter 6%iger Trichloressigsäure (TES) aufgeschwemmt. Nach einer Extraktionsdauer von 1 Stunde bei 4°C wurde scharf abzentrifugiert, der TES-Extrakt dekantiert, der TES-unlösliche Rückstand zweimal mit Aqua dest. nachgewaschen und auf 15 ml aufgefüllt.
A-Ph: der Gehalt an anorganischem Phosphat wurde direkt im TES-Extrakt bestimmt.
Sl-7 Ph: 4 ml TES-Extrakt wurden nach Zugabe von 3 ml 2 n HCl genau 7 min bei 100°C hydrolysiert (Säurehydrolyse nach LOHMANN).
Su-7 Ph: Der TES-Rückstand wurde in 5 ml 1 n HCL aufgeschwemmt und nach LOHMANN hydrolysiert (100°C, 7 min). Nach dem Abzentrifugieren wurde noch einmal mit Aqua dest. nachgewaschen und auf 15 ml aufgefüllt.
G-SlPh (Gesamt-säurelösliches Phosphat): 4 ml TES-Extrakt wurden im Trockenschrank eingeengt und anschließend mit 6 Tropfen konz. H_2SO_4 und 3 Tropfen Perchlorsäure bei 160°C feucht verascht.
G-Ph (Gesamtphosphat): Zur Bestimmung des Gesamtphosphatgehaltes wurden 5 ml Algensuspension nach dreimaligem Waschen mit Aqua dest. mit 6 Tropfen konz. H_2SO_4 und 3 Tropfen Perchlorsäure versetzt und bei 160°C feucht verascht.
Die Fraktionen des gesamten säureunlöslichen Phosphats *(G-SuPh)*, des säurelöslichen stabilen Phosphats *(Sl-StOPh)* sowie des säureunlöslichen stabilen Phosphats *(Su-StOPh)* wurden aus den vorliegenden Analysenwerten rechnerisch ermittelt, und zwar nach den Beziehungen:

G-SuPh = G-Ph — G-SlPh
Sl-StOPh = G-SlPh — (A-Ph + Sl-7 Ph)
Su-StOPh = G-SuPh — Su-7 Ph

Die Ausführung der P-Bestimmungen erfolgte nach CHEN und Mitarb. (1956). Die Extinktionen wurden bei einer Wellenlänge von 820 nm im Zeiss-Spektralphotometer gemessen. Mit Hilfe einer Eichkurve konnten auf diese Weise noch 0,1 γ P je ml P-haltiger Lösung sicher bestimmt werden.

In Vorversuchen wurde die Verteilung der Phosphatfraktionen auf den Gesamtphosphatgehalt von *Scenedesmus obliquus* wie folgt bestimmt:

	γ P/mg Tr.-S.	% des G-Ph
G-Ph	28,44	100
TES-lösliche Phosphate:		
A-Ph	1,68	5,9
Sl-7 Ph	0,06	0,2
Sl-StOPh	0,21	0,7
G-SlPh	1,95	6,8
TES-unlösliche Phosphate:		
Su-7 Ph	19,85	69,8
Su-StOPh	6,64	23,4
G-SuPh	26,49	93,2

Wie die Aufstellung zeigt, liegen 93,2% des Gesamtphosphatgehaltes der Algenzellen in TES-unlöslicher Form vor, wobei der Anteil der labilen Phosphate mit 69,8% weitaus am höchsten ist. Bei den TES-löslichen Phosphaten, die zusammen nur 6,8% des Gesamtphosphats bilden, waren labile und stabile Phosphate wegen der geringen Mengen nicht mit völliger Sicherheit zu trennen. Bei den vorliegenden Versuchsergebnissen wurden deshalb im allgemeinen nur die Werte für den Gehalt an A-Ph, Su-7 Ph und G-Ph bestimmt. Nur bei einigen Versuchsreihen wurde darüber hinaus auch das gesamte säurelösliche bzw. säureunlösliche Phosphat berücksichtigt.

2. Versuchsergebnisse

a) Einfluß äquimolarer Natrium- bzw. Kaliumsalz-Konzentrationen in der Nährlösung auf das Wachstum, den Pigmentgehalt und die P-Fraktionen von Scenedesmus obliquus

Der Grundnährlösung wurde zur Verbesserung der C-Versorgung der Algen Kaliumbicarbonat ($KHCO_3$) in der Konzentration von 0,001 M zugesetzt. Damit gelangten stets 39 mg K/l in die Nährlösung. Ein absoluter Kaliummangel lag also weder in den »Kalium-Reihen« (ohne Zusatz von Natriumsalz) noch bei den »Natrium-Reihen« vor.

Chlorid-Reihen

Die Staffelung des Chloridzusatzes umfaßte vier Konzentrationsstufen, und zwar 0,0003 – 0,001 – 0,005 und 0,01 M. Hinsichtlich der Auswirkung des Zusatzes von Chloriden zur Nährlösung ist folgendes festzustellen.

Eine Zugabe von 0,0003 M KCl zum Nährmedium erhöhte die Erträge an Trockensubstanz gegenüber der Kontrolle mit nur 39 mg K/l Nährlösung (Reihe 1 der Tab. 8) um 4,1% und die Zellzahl um 9,0%. Jede weitere Steigerung der KCl-Konzentration verminderte dagegen das Wachstum der Algenzellen, und zwar um so stärker, je höher der Kaliumgehalt der Nährlösung dadurch wurde. So sanken in der Reihe 9 bei maximaler KCl-Gabe (0,01 M) das Trockengewicht von 100 auf 81,9% und die Zellzahl von 100 auf 71,7% ab.

Der Zusatz äquimolarer NaCl-Konzentrationen beeinflußte die Entwicklung der Algenzellen weniger einheitlich. Die Konzentration von 0,0003 M, die beim KCl eine leichte Förderung ergab, hatte beim NaCl eine leichte Hemmung zur Folge. Das zeigt sich in der Beeinflussung der Ertragszahlen für die Trockensubstanz und noch ausgeprägter in der Beeinflussung der Zellzahl. Bei der Konzentration von 0,001 M NaCl sind ebenfalls Verminderungen von Trockengewicht und Zellzahl gegenüber der Kontrolle festzustellen. Die Unterschiede zwischen der KCl- und der NaCl-Reihe sind aber geringer geworden. Eine leichte Förderung, die sich bei den absoluten Werten aber jedoch nur bei der Zellzahl deutlicher auswirkt, ist nach Zugabe von 0,005 M NaCl zur Nährlösung erkennbar. Besonders ausgeprägt sind vor allem die Abweichungen in den Ertragszahlen der KCl- und

Tab. 8 Einfluß äquimolarer NaCl- bzw. KCl-Konzentrationen in der Nährlösung auf das Wachstum von Scenedesmus obliquus
Kulturdauer jeweils 15 Tage

Reihe	KCl	NaCl	Trockensubstanz je 100 ml Suspension		Zellzahl	
	M	M	mg	%	je mm$^3 \cdot 10^3$	%
1	–	–	34,74	100	33,99	100
2	0,0003	–	36,17	104,1	37,04	109,0
3	–	0,0003	33,80	97,3 (93,5)	32,50	95,6 (87,1)
4	0,001	–	32,49	93,5	33,75	99,3
5	–	0,001	31,31	90,1 (96,4)	32,25	94,9 (95,6)
6	–	–	30,40	100	34,17	100
7	0,005	–	27,48	90,4	32,92	96,3
8	–	0,005	30,96	101,8 (112,7)	36,00	105,4 (109,4)
9	0,01	–	24,89	81,9	24,50	71,7
10	–	0,01	26,68	87,8 (107,2)	27,08	79,3 (110,5)

In Klammern NaCl-Werte in Prozent der jeweiligen KCl-Werte
1. Serie Reihen 1 bis 5; 2. Serie Reihen 6 bis 10

der NaCl-Reihe. So beträgt die Förderung durch das NaCl 12,7% bei der Trockensubstanz und 9,4% bei der Zellzahl. Das trifft auch für die Reihen mit der Konzentration 0,01 M zu, bei denen der Ertragsunterschied 7,2% bzw. 10,5% zugunsten der NaCl-Reihe ausmacht.

Eine Beziehung zwischen dem Natrium und der Ausbildung der grünen und gelben Pigmente ist zwar mehrfach vermutet worden, jedoch lassen die bisherigen Ergebnisse keine klaren Schlüsse zu (vgl. BAUMEISTER, 1960). In diesen Versuchsserien wurde deshalb auch der Gehalt an Chlorophyll a, Chlorophyll b und an Gesamtcarotinoiden bestimmt. Die Ergebnisse finden sich in der Tab. 9.

Tab. 9 Einfluß äquimolarer NaCl- *bzw.* KCl-*Konzentrationen auf die Pigmentzusammensetzung von Scenedesmus obliquus*

Reihe	KCl M	NaCl M	Chlorophyll a + b mg	%	Carotin + Xanthophyll mg	%	a + b / c + x
Bezugsgröße: 100 mg Trockensubstanz							
1	–	–	3,63	100	0,81	100	4,5
2	0,0003	–	4,09	112,7	0,86	106,2	4,8
3	–	0,0003	4,30	118,5 (105,2)	0,90	111,1 (104,7)	4,8
4	0,001	–	4,26	117,4	0,86	106,2	4,9
5	–	0,001	4,37	120,4 (102,5)	0,94	116,0 (109,3)	4,7
6	–	–	3,21	100	0,72	100	4,5
7	0,005	–	3,15	98,1	0,76	105,6	4,1
8	–	0,005	3,02	94,1 (95,8)	0,65	90,3 (85,5)	4,6
Bezugsgröße: 10^{10} Zellen							
1	–	–	3,71	100	0,83	100	4,5
2	0,0003	–	3,99	109,0	0,84	101,2	4,8
3	–	0,0003	4,48	120,8 (112,3)	0,94	113,3 (111,9)	4,8
4	0,001	–	4,10	110,5	0,83	100,0	4,9
5	–	0,001	4,24	114,3 (103,4)	0,91	109,6 (109,6)	4,7
6	–	–	2,86	100	0,64	100	4,5
7	0,005	–	2,63	92,0	0,64	100,0	4,1
8	–	0,005	2,60	90,9 (98,9)	0,56	87,5 (87,5)	4,6

Werte in mg/100 mg Trockensubstanz bzw. 10^{10} Zellen
In Klammern NaCl-Werte in Prozent der jeweiligen KCl-Werte
1. Serie Reihen 1 bis 5; 2. Serie Reihen 6 bis 8

Es zeigte sich in unseren Versuchen, daß niedere und mittlere Chlorid-Konzentrationen den Gehalt der Algenzellen an Chlorophyll a und b sowie an Carotin und Xanthophyll erhöhen. Dabei ist die Steigerung in den NaCl-Reihen größer als in den KCl-Reihen. Diese Feststellungen gelten sowohl für die auf die Trockensubstanz als auch für die auf die Zellzahl bezogenen Pigmentwerte. Bei der Konzentration 0,005 M ist eine leichte Senkung des Chlorophyllgehaltes festzustellen, die bei den NaCl-Reihen deutlicher in Erscheinung tritt als bei der KCl-Reihe. Der Gehalt der Zellen an Carotin und Xanthophyll wird durch 0,005 M KCl je nach Bezugsgröße entweder leicht erhöht oder bleibt unverändert, 0,005 M NaCl bewirkte dagegen eine deutliche Verminderung an Carotinoiden, die unabhängig von der Bezugsgröße in Erscheinung tritt.

Der Einfluß der Chloridsalze auf den Gehalt der Algenzellen an Gesamtphosphat (G-Ph) ist allgemein dahingehend zu charakterisieren, daß die Werte durch höhere Konzentrationen stetig vermindert werden (Abb. 1). Unterschiede zwischen den KCl- und den NaCl-Reihen ergeben sich in dem Sinne, daß bei der Konzentration 0,0003 M der Phosphatgehalt in der KCl-Reihe praktisch gleich dem der Kontroll-Reihe ist, während in der NaCl-Reihe eine Erhöhung des Phosphatgehaltes um 15,1% festzustellen ist. Auch bei der Konzentration 0,001 M ist der Phosphatgehalt in der NaCl-Reihe noch um 7,9% höher als in der Kontroll-Reihe, während in der KCl-Reihe bereits ein leichtes Absinken zu beobachten ist. Eine fast gleichmäßige Verminderung in der KCl- und der NaCl-Reihe weist der Gehalt an Gesamtphosphat bei der Konzentration 0,005 M auf. Die Senkung beträgt 16% in der KCl-Reihe und 14,3% in der NaCl-Reihe.

Da das säureunlösliche labile Phosphat (Su-7 Ph) den Hauptbestandteil des Gesamtphosphats ausmacht, entsprechen die Veränderungen, die in dieser Fraktion auftreten, im wesentlichen den Verhältnissen beim Gesamtphosphat (Tab. 10).

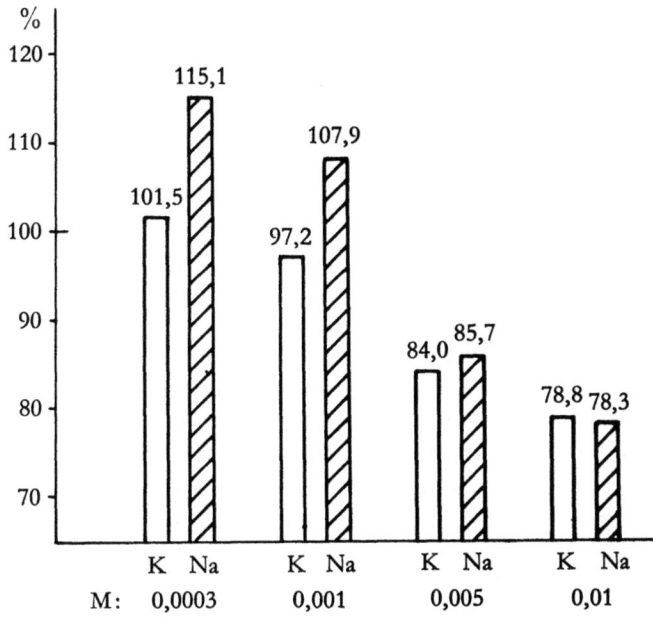

Abb. 1 Gesamtphosphatgehalt von *Scenedesmus obliquus* bei steigenden Konzentrationen an KCl bzw. NaCl in der Nährlösung
Kulturdauer 15 Tage
Kontrolle ohne KCl bzw. NaCl = 100%

Tab. 10 Einfluß äquimolarer NaCl- bzw. KCl-Konzentrationen in der Nährlösung auf den Gehalt der Zellen von Scenedesmus obliquus an anorganischem Phosphat (A-Ph), säureunlöslichem labilem Phosphat (Su-7Ph) und Gesamtphosphat (G-Ph)

Reihe	KCl M	NaCl M	A-Ph γ P	%	Su-7 Ph γ P	%	G-Ph γ	%
Bezugsgröße: 1 mg Trockensubstanz								
1	–	–	1,45	100	23,22	100	29,78	100
2	0,0003	–	1,57	108,3	23,16	99,8	30,24	101,5
3	–	0,0003	1,70	117,2	25,92	111,6	34,29	115,1
4	0,001	–	1,63	112,4	20,56	88,5	28,96	97,2
5	–	0,001	1,71	117,9	23,64	101,8	32,14	107,9
6	–	–	1,68	100	19,85	100	28,44	100
7	0,005	–	1,52	90,5	15,58	78,5	23,89	84,0
8	–	0,005	1,48	88,1	16,2	81,6	24,36	85,7
Bezugsgröße: 10^8 Zellen								
1	–	–	1,48	100	23,73	100	30,43	100
2	0,0003	–	1,53	103,4	22,61	95,3	29,53	97,0
3	–	0,0003	1,76	118,9	26,95	113,6	35,66	117,2
4	0,001	–	1,57	106,1	19,79	83,4	27,88	91,6
5	–	0,001	1,66	112,2	22,95	96,7	31,20	102,5
6	–	–	1,50	100	17,66	100	25,30	100
7	0,005	–	1,27	84,7	13,00	73,6	19,95	78,9
8	–	0,005	1,27	84,7	13,93	78,9	20,95	82,8

Werte in γ P/mg Trockensubstanz bzw. 10^8 Zellen
1. Serie Reihen 1 bis 5; 2. Serie Reihen 6 bis 8

Anders liegen die Verhältnisse beim anorganischen Phosphat (A-Ph). Diese P-Fraktion wird durch die Chlorid-Konzentrationen 0,0003 und 0,001 M unabhängig von der Bezugsgröße erhöht, und zwar um 8,3 bzw. 12,4% in den KCl-Reihen und 17,2 bzw. 17,9% in den NaCl-Reihen bei bezug auf die Trockensubstanz. Wird die Zellzahl als Bezugsgröße gewählt, so sind die Steigerungen im allgemeinen etwas geringer und betragen 3,4 bzw. 6,1% in den KCl-Reihen und 18,9 bzw. 12,2% in den NaCl-Reihen. Stets ist die Wirkung des Natriumchlorids also ausgeprägter als die des Kaliumchlorids. Bei weiterer Steigerung der Chlorid-Konzentrationen auf 0,005 M wird auch der Gehalt der Algenzellen an anorganischem Phosphat deutlich vermindert, wobei Unterschiede zwischen den Werten der KCl- und der NaCl-Reihe nicht mehr auftreten.

Phosphat-Reihen

In weiteren Versuchsserien wurde zur Überprüfung der mit äquimolaren Konzentrationen von KCl und NaCl gewonnenen Ergebnisse auch der Einfluß äqui-

Tab. 11 Einfluß äquimolarer NaH₂PO₄- bzw. KH₂PO₄-Konzentrationen in der Nährlösung auf das Wachstum von Scenedesmus obliquus
Kulturdauer 15 Tage

Reihe	KH₂PO₄ M	NaH₂PO₄ M	Trockensubstanz je 100 ml Suspension mg	%	Zellzahl je mm³ · 10³	%
1	–	–	37,24	100	32,67	100
2	0,0003	–	35,37	95,0	29,38	89,9
3	–	0,0003	36,86	99,0 (104,2)	31,25	95,7 (106,4)
4	0,001	–	34,96	93,9	31,54	96,5
5	–	0,001	36,28	97,4 (103,8)	32,83	100,5 (104,1)
6	–	–	28,87	100	22,63	100
7	0,005	–	24,20	83,8	21,00	92,8
8	–	0,005	24,51	84,9 (101,3)	21,33	94,3 (101,6)

In Klammern Werte der NaCl-Reihen in Prozent der jeweiligen KCl-Reihe
1. Serie Reihen 1 bis 5; 2. Serie Reihen 6 bis 8

molarer Konzentrationen von KH₂PO₄ und NaH₂PO₄ auf das Wachstum, den Pigmentgehalt und den Phosphatgehalt von *Scenedesmus obliquus* untersucht. Die Zugabe des Natrium- bzw. Kaliumsalzes erfolgte in dreifacher Staffelung, und zwar in den Konzentrationen 0,0003, 0,001 und 0,005 M. Der Phosphatgehalt der Nährlösung wurde durch entsprechende Zugaben von NH₄H₂PO₄ stets auf 0,005 M gebracht.

Die Zugabe von Kaliumphosphat zur Nährlösung verminderte in jedem Fall die Trockensubstanzerträge und die Zellzahl, wobei im Vergleich zur Kontroll-Reihe (= 100) die Werte für die Trockensubstanz mit steigender Konzentration auf 95,0%, 93,9% und 83,8% absanken (Tab. 11). Die entsprechenden Relativwerte für die Zellzahl sind 89,9%, 96,5% und 92,8%. Äquimolare Mengen an Natriumphosphat senkten die Trockensubstanzerträge zwar ebenfalls, doch war die Verminderung stets etwas geringer als bei den KH₂PO₄-Reihen. Das Gleiche gilt auch für die Beeinflussung der Zellzahl durch das Natriumphosphat.

Die Beeinflussung des Pigmentgehaltes der Algenzellen durch die Zugabe der Phosphatsalze war geringfügig, doch konnte auch hier in den Reihen mit der niederen und der mittleren Phosphat-Konzentration eine leichte relative Begünstigung durch das Natriumphosphat festgestellt werden. Übereinstimmend mit den Ergebnissen der Chlorid-Serie wurde der Chlorophyllgehalt in den Reihen mit der Konzentration 0,005 M durch das Natriumphosphat stärker beeinträchtigt als durch das Kaliumphosphat. Der Gehalt der Algenzellen an Carotin und Xanthophyll wurde durch die untere und mittlere Phosphat-Konzentration vermindert, und zwar durch das Kaliumphosphat stärker als durch das Natriumphosphat. Die in den Reihen mit einem Phosphatzusatz von 0,005 M feststellbare Erhöhung des Gehaltes an Carotinoiden war in der KCl-Reihe deutlicher als in der NaCl-Reihe.

Tab. 12 Einfluß äquimolarer NaH_2PO_4- *bzw.* KH_2PO_4-*Konzentrationen in der Nährlösung auf den Gehalt von Scenedesmus obliquus an anorganischem Phosphat* (A-Ph), *säureunlöslichem labilem Phosphat* (Su-7Ph) *sowie Gesamtphosphat* (G-Ph)

Reihe	KH_2PO_4	NaH_2PO_4	A-Ph γ P	%	Su-7 Ph γ P	%	G-Ph γ P	%
Bezugsgröße: 1 mg Trockensubstanz								
1	–	–	1,90	100	18,51	100	28,16	100
2	0,0003	–	1,93	101,6	18,80	101,6	29,13	103,4
3	–	0,0003	1,78	93,7	21,93	118,5	31,43	111,6
4	0,001	–	1,84	96,8	19,37	104,6	29,10	103,3
5	–	0,001	1,88	98,9	20,77	112,2	30,46	108,2
6	–	–	2,30	100	21,57	100	32,84	100
7	0,005	–	2,13	92,6	19,36	89,9	30,23	92,1
8	–	0,005	2,11	91,7	19,95	92,5	31,06	94,6
Bezugsgröße: 10^8 Zellen								
1	–	–	2,16	100	21,09	100	32,10	100
2	0,0003	–	2,32	107,4	22,34	105,9	35,06	109,2
3	–	0,0003	2,10	97,2	25,88	122,7	37,09	115,5
4	0,001	–	2,04	94,4	21,47	101,8	32,26	100,5
5	–	0,001	2,08	96,3	22,95	108,8	33,66	104,9
6	–	–	2,94	100	27,51	100	41,90	100
7	0,005	–	2,46	83,7	22,30	81,1	34,84	83,2
8	–	0,005	2,45	83,3	22,92	83,3	35,69	85,2

Werte in γ P/mg Trockensubstanz bzw. 10^8 Zellen
1. Serie Reihen 1 bis 5; 2. Serie Reihen 6 bis 8

Bis zu einer Konzentration von 0,001 M erhöhten sowohl das Kalium- als auch das Natriumphosphat den Gehalt der Zellen an Gesamtphosphat (Tab. 12). Die Steigerung ist bei Zugabe von Natriumphosphat ausgeprägter als bei Zugabe von Kaliumphosphat. So betrugen die relativen Steigerungen in den Natriumphosphat-Reihen gegenüber den Kaliumphosphat-Reihen 7,9 bzw. 4,7% bei bezug auf das Trockengewicht und 5,8 bzw. 4,3% bei bezug auf die Zellzahl. Sie bleiben damit aber hinter den entsprechenden Werten der Chlorid-Reihen zurück, wo bei bezug auf die Trockensubstanz relative Steigerungen von 13,4 bzw. 11,0% und bei bezug auf die Zellzahl Steigerungen von 20,8 bzw. 11,9% auftraten. Immerhin wird aber auch in den Phosphat-Reihen die Tendenz sichtbar, daß die Natriumsalze in niederen und mittleren Konzentrationen die Phosphataufnahme fördern. Durch eine Erhöhung der Konzentration auf 0,005 M wurden sowohl in der KCl- als auch in der NaCl-Reihe die Werte für das Gesamtphosphat vermindert, allerdings in der NaCl-Reihe weniger als in der KCl-Reihe.
Der günstige Einfluß des Natriumphosphats kommt auch bei der Su-7 Ph-Fraktion zur Geltung. Das war zu erwarten, da diese P-Fraktion den Hauptanteil des

Gesamtphosphats ausmacht, doch ist die Wirkung sogar noch verstärkt. Kaliumphosphat-Konzentrationen von 0,003 und 0,001 M erhöhten den Gehalt der Algenzellen an Su-7 Ph um 1,6 bzw. 4,6% bei bezug auf die Trockensubstanz und um 5,9 bzw. 1,8% bei bezug auf die Zellzahl. Demgegenüber treten Steigerungen in den absoluten Werten für die Su-7 Ph-Fraktion in den entsprechenden Reihen mit Natriumphosphat von 18,5 und 12,2% bzw. 22,7 und 8,8% auf. Die relativen Steigerungen der Su-7 Ph-Fraktion in den NaH_2PO_4-Reihen betragen damit gegenüber den KH_2PO_4-Reihen bei bezug auf die Trockensubstanz 16,5 bzw. 7,2% und bei bezug auf die Zellzahl 15,8 bzw. 6,9%. Ebenso ist bei der Konzentration 0,005 M die Verminderung der Werte für die Su-7 Ph-Fraktion noch deutlicher als bei den Werten für das Gesamtphosphat. Beim Vergleich der beiden Phosphat-Reihen tritt außerdem wiederum eine leichte Begünstigung der NaH_2PO_4-Reihe in Erscheinung.

b) Einfluß unterschiedlicher Kalium/Natrium-Verhältnisse in der Nährlösung auf das Wachstum, den Pigmentgehalt und die P-Fraktionen bei Scenedesmus obliquus

In diesen Versuchsserien wurden Kalium und Natrium der Nährlösung als Karbonate zugegeben. Die maximale Konzentration betrug jeweils 0,003 M, was 235 mg K/l bzw. 138 mg Na/l Nährlösung entspricht. Die Versuchsreihen wurden so zusammengestellt, daß bei abnehmendem Kaliumgehalt gleichzeitig der Natriumgehalt in der Nährlösung entsprechend anstieg, so daß die Summe der Kalium- und Natrium-Ionen stets konstant blieb. Ein absoluter Kaliummangel lag auch hier in keinem Fall vor, da mit dem Fe-EDTA 6 mg K/l in die Nährlösung gelangten.

Wie die Zahlenwerte der Tab. 13 ausweisen, wurde die vegetative Entwicklung der Algen mit zunehmender Verringerung der Kalium- und gleichzeitig steigender Natrium-Konzentration gehemmt, was sich in einer stetig absinkenden Zellzahl

Tab. 13 Zellzahl und Trockengewicht von Scenedesmus obliquus bei wechselndem Kalium/Natrium-Verhältnis in der Nährlösung

Reihe	K	Na	Trockensubstanz je 100 ml Suspension		Zellzahl	
			mg	%	$mm^3 \cdot 10^3$	%
1	5/5	—	29,41	100	20,50	100
2	4/5	1/5	28,69	97,6	20,29	99,0
3	3/5	2/5	27,20	92,5	20,21	98,6
4	2/5	3/5	29,59	100,6	19,21	93,7
5	1/5	4/5	26,76	91,0	19,17	93,5
6	—	5/5	28,37	96,5	19,00	92,7

5/5 = 0,003 M K_2CO_3 bzw. Na_2CO_3

dokumentiert. Bei den Trockensubstanzgewichten ist dieser Einfluß nicht so eindeutig, da in der Reihe mit $2/5$ K und $3/5$ Na das Trockengewicht gleich dem in der Kontrollreihe mit voller Kaliumgabe ist.

Der Chlorophyllgehalt der Algenzellen war stets dann am höchsten, wenn sich mehr Natrium als Kalium in der Nährlösung befand, d. h. also in den Reihen mit $2/3$ und mehr Natrium. SCHMIDT (1959) fand ähnliche Verhältnisse auch bei höheren Pflanzen, und zwar sowohl in den Blättern des Spinats als auch der Tomate. Der Gehalt der Zellen an Carotinoiden war in der Reihe mit voller Kaliumgabe am höchsten, und dementsprechend in allen übrigen vermindert. Einflüsse des Kalium-Natrium-Verhältnisses waren nicht erkennbar.

Der Gehalt der Zellen an Gesamtphosphat erreichte seinen höchsten Wert in der Reihe mit $2/5$ K und $3/5$ Na. Gegenüber der Reihe mit voller Kaliumgabe ($5/5$) stieg der Gehalt an Gesamtphosphat dabei um 35,4% bei bezug auf die Trockensubstanz und um 45,5% bei bezug auf die Zellzahl an. Die weitere Senkung der Kaliumgabe bei entsprechender Erhöhung der Natriumgabe führte dann zu einer Verminderung, doch blieb auch in der Reihe mit voller Natriumgabe der Gehalt an Gesamtphosphat noch über dem der Reihe mit voller Kaliumgabe. Die Veränderungen in der G-SuPh-Fraktion sind fast völlig identisch mit denen beim Gesamtphosphat, die der Su-7 Ph-Fraktion richtungsmäßig gleich, aber insofern abweichend, als der Anstieg noch größer ist. So erhöhte sich der Wert der Su-7 Ph-Fraktion in der Reihe mit $2/5$ K und $3/5$ Na bei bezug auf die Trockensubstanz

Tab. 14 Veränderungen der P-Fraktionen von Scenedesmus obliquus bei wechselndem Kalium/Natrium-Verhältnis in der Nährlösung

K	Na	A-Ph		Su-7 Ph		G-SuPh		G-Ph	
		γ P	%	γ P	%	γ P	%	γ P	%
Bezugsgröße: 1 mg Trockensubstanz									
$5/5$	–	1,73	100	8,47	100	13,88	100	16,17	100
$4/5$	$1/5$	1,76	101,7	11,15	131,6	14,36	103,5	16,67	103,1
$3/5$	$2/5$	1,83	105,8	10,72	126,6	18,37	132,3	20,71	128,1
$2/5$	$3/5$	2,73	157,8	12,36	145,9	18,76	135,2	21,89	135,4
$1/5$	$4/5$	3,24	187,3	13,14	155,1	17,67	127,3	21,47	132,8
–	$5/5$	1,63	94,2	9,68	114,3	15,13	109,0	17,16	106,1
Bezugsgröße: 10^8 Zellen									
$5/5$	–	2,48	100	12,15	100	19,91	100	23,19	100
$4/5$	$1/5$	2,48	100,0	15,76	129,7	20,30	102,0	23,57	101,6
$3/5$	$2/5$	2,47	99,6	14,42	118,7	24,72	124,2	27,87	120,2
$2/5$	$3/5$	4,21	169,8	19,04	156,7	28,90	145,2	33,73	145,5
$1/5$	$4/5$	4,52	182,3	18,34	150,9	24,66	123,9	29,97	129,2
–	$5/5$	2,43	98,0	14,45	118,9	22,60	113,5	25,63	110,5

Werte in γ P/mg Trockensubstanz bzw. 10^8 Zellen
$5/5$ = 0,003 M K_2CO_3 bzw. Na_2CO_3

um 45,9% und bei bezug auf die Zellzahl um 56,7% gegenüber dem entsprechenden Wert in der Reihe mit voller Kaliumgabe. Die für das Gesamtphosphat angeführten relativen Steigerungen betrugen demgegenüber nur 35,4 bzw. 45,5%. Zu beachten ist auch, daß selbst in der Reihe mit voller Natriumgabe die Su-7 Ph-Fraktion noch um 14,3% bzw. 18,9% gegenüber der Kontroll-Reihe mit voller Kaliumgabe angestiegen ist. Beeinflussungen der Fraktion des anorganischen Phosphats (A-Ph) ergaben sich erst bei ausgeprägterem Kaliummangel. Die Verminderung des Kaliumanteils bis auf $3/5$ blieb ohne besondere Auswirkung. Erst die weitere Verringerung auf $2/5$ und $1/5$ bei entsprechender Steigerung der Natriumgabe auf $3/5$ und $4/5$ bewirkte eine sehr beträchtliche Erhöhung der A-Ph-Fraktion. Die Werte stiegen dabei um 57,8 bzw. 87,3% bei bezug auf die Trockensubstanz und um 69,8 bzw. 82,3% bei bezug auf die Zellzahl. Doch darf nicht übersehen werden, daß diese Steigerungen wegen des geringen Anteils der A-Ph-Fraktion am Gesamtphosphat mengenmäßig nicht sehr bedeutsam sind. Der Ersatz der gesamten Kaliumgabe durch das Natrium hatte dann wieder ein Absinken der A-Ph-Fraktion zur Folge, wobei die Werte sogar unter die der Kontroll-Reihe mit voller Kaliumgabe absanken.

Wir können die geschilderten Veränderungen in den Phosphatfraktionen dahingehend deuten, daß das Natrium allgemein die Phosphataufnahme fördert. Von dieser Erhöhung profitieren in den Reihen mit der $3/5$ und $4/5$ Natriumgabe vor allem das säureunlösliche labile Phosphat (Su-7 Ph) und daneben das anorganische Phosphat (A-Ph).

Zur Absicherung dieser Ergebnisse setzten wir eine weitere Versuchsserie an, bei der die Kalium- und Natrium-Konzentrationen dadurch herabgesetzt wurden, daß an Stelle der Carbonat- die Bicarbonatsalze verwendet wurden. Auf einen

Tab. 15 Veränderungen der P-Fraktionen von Scenedesmus obliquus bei wechselndem Kalium/Natrium-Verhältnis in der Nährlösung

K	Na	A-Ph		Su-7 Ph		G-SuPh		G-Ph	
		γ P	%	γ P	%	γ P	%	γ P	%
Bezugsgröße: 1 mg Trockensubstanz									
$1/1$	–	3,03	100	17,90	100	29,42	100	33,39	100
$1/2$	$1/2$	3,20	105,6	22,23	124,2	33,30	113,2	37,49	112,3
$1/4$	$3/4$	4,33	142,9	21,46	119,9	33,24	113,0	38,24	114,5
$1/16$	$15/16$	5,03	166,0	20,98	117,2	36,15	122,9	41,96	125,7
Bezugsgröße: 10^8 Zellen									
$1/1$	–	2,95	100	17,43	100	28,67	100	32,53	100
$1/2$	$1/2$	2,88	97,6	20,00	114,7	29,95	104,5	33,73	103,7
$1/4$	$3/4$	4,35	147,5	21,55	123,6	33,38	116,4	38,40	118,0
$1/16$	$15/16$	4,58	155,3	19,11	109,6	32,92	114,8	38,22	117,5

Werte in γ P/mg Trockensubstanz bzw. 10^8 Zellen
$1/1$ = 0,003 M $KHCO_3$ bzw. $NaHCO_3$

völligen Ersatz des Kaliums durch das Natrium verzichteten wir, senkten aber die Kaliumgabe bis auf $1/16$ ab.

Hinsichtlich der Beeinflussung des vegetativen Wachstums können wir feststellen, daß auch in dieser Serie die Trockensubstanz und die Zellzahl mit sinkender Kaliumgabe geringer wurden.

Die in der Tab. 15 angeführten Ergebnisse zeigen eine weitgehende Übereinstimmung mit den in der Tab. 14 zusammengestellten. Auch hier ist eine deutliche Förderung der Phosphataufnahme durch das Natrium festzustellen. Bei Ersatz von $1/2$ oder $3/4$ der Kaliumgabe durch das Natrium wurde insbesondere die Su-7 Ph-Fraktion begünstigt, bei noch weiterer Verminderung der Kaliumgabe aber vornehmlich die G-SuPh- und die A-Ph-Fraktion. Auch in der Reihe mit $1/16$ K und $15/16$ Na liegen daher sämtliche Fraktionswerte über denen der Kontroll-Reihe mit voller Kaliumgabe. Das in der vorhergehenden Versuchsserie beobachtete Absinken der A-Ph-Fraktion konnte hier nicht bestätigt werden. Das dürfte durch das Fehlen der Reihe mit völligem Ersatz des Kaliums durch das Natrium bedingt sein.

c) Einfluß äquimolarer Natriumchlorid- bzw. Kaliumchlorid-Konzentrationen in der Nährlösung auf den Gehalt von Scenedesmus obliquus an Gesamtphosphat und dessen Verteilung auf die P-Fraktionen in einer 7stündigen Lichtperiode

In zwei weiteren Versuchsserien wurden die Phosphataufnahme und die Verteilung des Phosphats auf die P-Fraktionen bei *Scenedesmus obliquus* in einer 7stündigen Lichtperiode untersucht.

Die Algen wurden in einer natriumfreien und an Phosphat verarmten Nährlösung im Licht-Dunkel-Wechsel von 14 : $\overline{10}$ Std. kultiviert. Um die C-Versorgung der Algen optimal zu gestalten, wurde der Nährlösung $KHCO_3$ in einer Konzentration von 0,001 M (= 39 mg K/l) zugesetzt. Nach 11tägiger Kulturdauer wurde am Ende der letzten Dunkelperiode die Phosphatkonzentration in der Nährlösung von 0,00008 M auf 0,004 M erhöht. Gleichzeitig erfolgte der Zusatz von NaCl bzw. KCl zur Nährlösung. Die Konzentration betrug in der ersten Versuchsserie 0,001 M, wurde aber in der zweiten auf 0,0003 M vermindert. Die ersten Proben wurden den Kulturen eine halbe Stunde nach Versuchsbeginn entnommen und anschließend sofort aufgearbeitet. Die Entnahme weiterer Proben erfolgte nach $3\frac{1}{2}$ Std. und 7 Std.

Wie die Abb. 2 und 3 zeigen, stieg der Gehalt der Algenzellen an Gesamtphosphat (G-Ph) insbesondere in der ersten Versuchshälfte stark an, die weitere Zunahme blieb demgegenüber vergleichsweise gering. Setzt man die Analysenwerte 30 min nach Beginn der Belichtung gleich 100, so betragen die Steigerungen im Gehalt an Gesamtphosphat bis zum Ende der Versuchsperiode nach $7\frac{1}{2}$ Std. in den »Kalium-Kulturen« 44% und in den »Natrium-Kulturen« 52%. Die höchsten Unterschiede zwischen der KCl- und der NaCl-Reihe wurden aber nach $3\frac{1}{2}$ Std. erreicht. Sie betrugen zu diesem Zeitpunkt 17,3% und fielen bis zum Versuchsende auf 14,9% ab (Tab. 16).

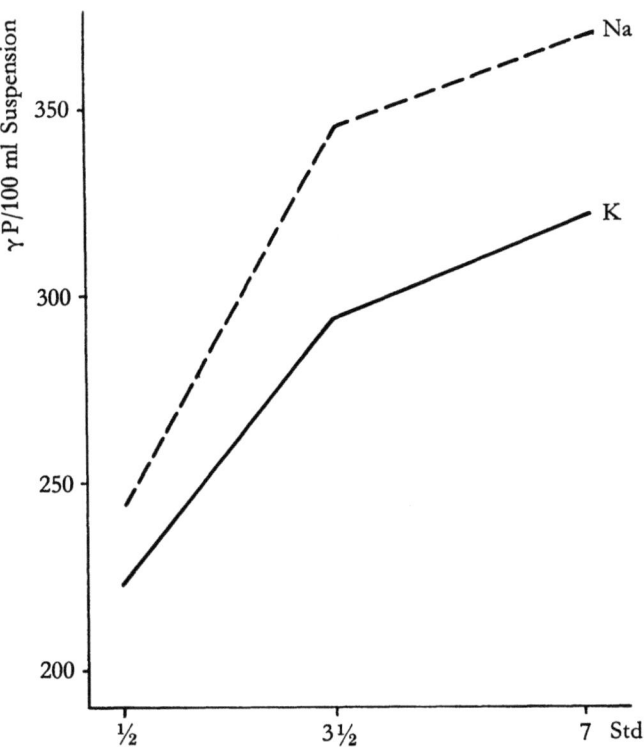

Abb. 2 Zunahme des Gehaltes an Gesamtphosphat bei *Scenedesmus obliquus* im Verlaufe einer 7stündigen Lichtperiode
KCl- bzw. NaCl-Konzentration 0,001 M

Tab. 16 Einfluß von NaCl bzw. KCl (0,001 M) *in der Nährlösung auf den Gehalt von Scenedesmus obliquus an Gesamtphosphat* (G-Ph), *säurelöslichem Phosphat* (G-SlPh) *und säureunlöslichem Phosphat* (G-SuPh) *im Verlauf einer 7stündigen Lichtperiode*

Zeit	G-SlPh		G-SuPh		G-PH	
	KCl	NaCl	KCl	NaCl	KCl	NaCl
½	38,9	33,2 (85,2)	184,8	210,3 (113,8)	223,7	243,5 (108,9)
3½	41,1	39,7 (95,7)	253,2	305,9 (120,8)	294,3	345,3 (117,3)
7	38,0	36,3 (95,3)	283,3	333,0 (117,5)	321,3	369,3 (114,9)

Werte in γ P je 100 ml Algensuspension
In Klammern NaCl-Werte in Prozent der jeweiligen KCl-Werte

Aus den Werten der Tab. 16 ergibt sich weiter, daß das aufgenommene Phosphat vornehmlich in säureunlösliche Phosphatverbindungen (G-SuPh) eingebaut wurde. Die für das Gesamtphosphat (G-Ph) geschilderten Verhältnisse treffen daher im wesentlichen auch für die G-SuPh-Fraktion zu. Die relativen Steigerungen in den »Natrium-Kulturen« gegenüber den »Kalium-Kulturen« wurden mit 20,8% nach 3½ Std. und 17,5% nach 7½ Std. sogar noch verstärkt.

Der Gehalt der Algenzellen an säurelöslichem Phosphat (G-SlPh) stieg nur in der ersten Versuchshälfte leicht an und fiel dann wieder ab. Im Gegensatz zu den Verhältnissen beim Gesamtphosphat und säureunlöslichem Phosphat war die Fraktion

Tab. 17 Einfluß des NaCl bzw. KCl (0,001 M) in der Nährlösung auf den Gehalt von Scenedesmus obliquus an anorganischem Phosphat (A-Ph), säureunlöslichem labilem Phosphat (Su-7Ph) und säureunlöslichem stabilem Phosphat (Su-StOPh) im Verlauf einer 7stündigen Lichtperiode

Zeit	A-Ph		Su-7Ph		Su-StOPh	
	KCl	NaCl	KCl	NaCl	KCl	NaCl
½	28,7	24,8 (86,4)	105,8	125,6 (118,7)	79,0	84,7 (107,2)
3½	29,0	27,4 (94,5)	136,2	191,0 (140,2)	117,0	114,9 (98,2)
7	28,5	26,9 (94,4)	167,3	222,5 (133,0)	116,0	110,5 (95,3)

Werte in γ P je 100 ml Algensuspension
In Klammern NaCl-Werte in Prozent der jeweiligen KCl-Werte

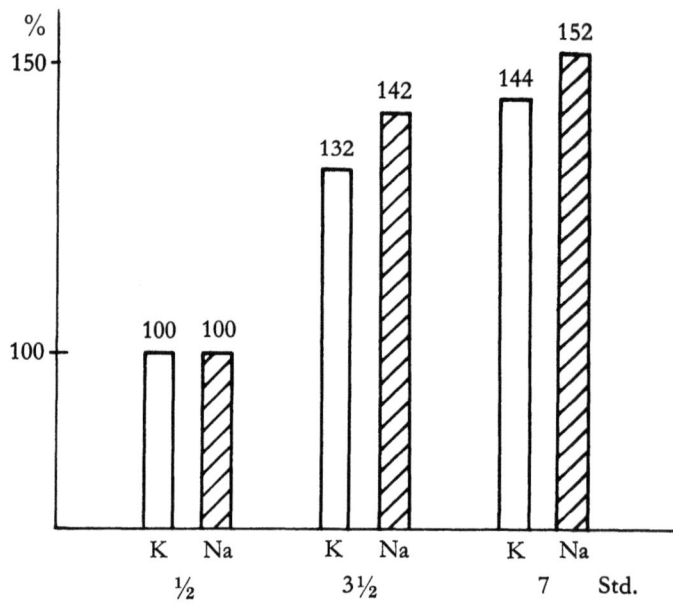

Abb. 3 Prozentuale Zunahme des Gehaltes an Gesamtphosphat bei *Scenedesmus obliquus* im Verlauf einer 7stündigen Lichtperiode
P-Werte nach 30 min Belichtung = 100%
KCl- bzw. NaCl-Konzentration 0,001 M

des säurelöslichen Phosphats in den Algen der NaCl-Reihe stets geringer als in denen der KCl-Reihe. Im Laufe des Versuches wurden die Unterschiede aber deutlich schwächer.

In der Tab. 17 haben wir eine Aufgliederung der Fraktion des säureunlöslichen Phosphats (G-SuPh) vorgenommen und zusätzlich auch noch das anorganische Phosphat (A-Ph) angeführt. Dabei zeigt sich, daß innerhalb der säureunlöslichen Fraktion insbesondere die labilen Phosphate (Su-7 Ph) durch das Natrium begünstigt worden sind. Die relative Steigerung der Analysenwerte der NaCl-Reihe gegenüber denen der KCl-Reihe erreichte nach 3½ Stunden mit 40,2% den höchsten Wert. Später wurde sie etwas geringer, blieb aber mit 33,0% noch beträchtlich. Diese Bevorzugung der Su-7 Ph-Fraktion durch das NaCl erfolgte im Rahmen eines stetigen Anstiegs der absoluten Werte, der sowohl in der NaCl- als auch in der KCl-Reihe zu beobachten ist. Die Zunahme der Werte innerhalb der Versuchsperiode betrug 58% in der KCl-Reihe und 77% in der NaCl-Reihe, wenn die Werte der ersten Analyse nach 30 min gleich 100 gesetzt werden.

Verglichen mit den starken Beeinflussungen der Su-7 Ph-Fraktion waren die Auswirkungen der Zugabe von KCl bzw. NaCl zur Nährlösung bei der A-Ph und Su-StOPh-Fraktion geringfügig. Der Gehalt der Algenzellen an anorganischem Phosphat (A-Ph) blieb praktisch unverändert und war in der NaCl-Reihe stets geringer als in der KCl-Reihe, wie es für das gesamte säurelösliche Phosphat (G-SlPh) schon festgestellt wurde (s. Tab. 16). Die Su-StOPh-Fraktion stieg in der ersten Versuchshälfte sowohl in der KCl- als auch in der NaCl-Reihe stark an, blieb dann in der KCl-Reihe konstant, während in der NaCl-Reihe eine leichte Verminderung erfolgte. Eine Begünstigung dieser Fraktion durch das NaCl liegt also nicht vor.

In einer zweiten Versuchsserie wurde die NaCl- bzw. KCl-Konzentration auf 0,0003 M herabgesetzt. Die sonstigen Versuchsbedingungen entsprechen denen der ersten Versuchsserie.

Auch in dieser ersten Versuchsserie stieg der Gehalt der Algenzellen an Gesamtphosphat (G-Ph) insbesondere in der ersten Versuchshälfte stark an. Die weitere

Tab. 18 Einfluß des NaCl bzw. KCl (0,0003 M) in der Nährlösung auf den Gehalt von Scenedesmus obliquus an Gesamtphosphat (G-Ph), säurelöslichem Phosphat (G-SlPh) und säureunlöslichem Phosphat (G-SuPh) im Laufe einer 7stündigen Lichtperiode

Zeit	G-SlPh		G-SuPh		G-Ph	
	KCl	NaCl	KCl	NaCl	KCl	NaCl
½	35,8	34,5 (96,3)	194,9	203,3 (104,3)	230,7	237,8 (103,1)
3½	42,0	37,6 (89,4)	267,9	306,2 (114,3)	309,9	343,8 (110,9)
7	36,7	35,8 (97,6)	312,8	323,6 (103,5)	349,5	359,4 (102,8)

Werte in γ P je 100 ml Algensuspension
In Klammern NaCl-Werte in Prozent der jeweiligen KCl-Werte

Steigerung war demgegenüber gering (Tab. 18). Ein günstiger Einfluß des NaCl trat zwar in Erscheinung, war aber im Ausmaß geringer als in der vorher beschriebenen Versuchsserie. Die Förderung der Phosphataufnahme durch das NaCl betrug maximal 10,9%, während in der ersten Versuchsserie ein maximaler relativer Anstieg des G-Ph-Gehaltes um 17,3% festgestellt wurde. Das aufgenommene Phosphat wurde im wesentlichen wieder in die Fraktion des säureunlöslichen Phosphats (G-SuPh) eingebaut. Die Schwankungen in den Werten der G-SlPh-Fraktion blieben vergleichsweise gering. Nach einem leichten Anstieg der Werte in der ersten Versuchshälfte fielen diese anschließend fast wieder auf die Ausgangswerte ab. Die Algenzellen der NaCl-Reihe enthielten zudem stets weniger säurelösliches Phosphat als die der KCl-Reihe.

Innerhalb der G-SuPh-Fraktion wurde auch in der zweiten Versuchsserie insbesondere die Su-7Ph-Fraktion begünstigt (Tab. 19). Gegenüber der KCl-Reihe wurde der Gehalt der Zellen an säurelöslichem labilem Phosphat in der NaCl-Reihe in den ersten 30 min nach Beginn der Belichtung um 14,0%, in der ersten Versuchshälfte (3½ Std.) um 28,4% und in der gesamten Versuchszeit (7 Std.) um 32,0% erhöht. Die Su-StOPh-Fraktion stieg in der ersten Versuchshälfte in beiden Reihen deutlich an. Später nahm die Fraktion aber nur noch in den Zellen der KCl-Reihe weiter zu, während sie in denen der NaCl-Reihe beträchtlich vermindert wurde und praktisch auf den Ausgangswert bei 30 min absank. Der Gehalt der Zellen an anorganischem Phosphat (A-Ph) änderte sich während der Versuchszeit nur geringfügig, stets waren aber die Zellen der NaCl-Reihe ärmer an A-Ph als die der KCl-Reihe.

Tab. 19 *Einfluß des* NaCl *bzw.* KCl (0,0003 M) *in der Nährlösung auf den Gehalt von Scenedesmus obliquus an anorganischem Phosphat (A-Ph), an säureunlöslichem labilem Phosphat (Su-7PH) und an säureunlöslichem stabilem Phosphat (Su-StOPh) im Verlauf einer 7stündigen Lichtperiode*

Zeit	A-Ph		Su-7Ph		Su-StOPh	
	KCl	NaCl	KCl	NaCl	KCl	NaCl
½	26,7	24,4 (91,4)	111,1	126,7 (114,0)	83,8	76,6 (91,4)
3½	29,2	26,9 (92,1)	152,1	195,3 (128,4)	115,8	110,9 (95,8)
7	26,9	26,2 (97,4)	185,7	245,2 (132,0)	127,1	78,4 (61,7)

Werte in γ P je 100 ml Algensuspension
In Klammern NaCl-Werte in Prozent der jeweiligen KCl-Werte

In der Tab. 20 wird noch eine Zusammenstellung der Relativwerte für die NaCl-Reihen (KCl-Reihen = 100) aus beiden Versuchsserien gebracht. Sie zeigt, daß die höhere NaCl-Konzentration (0,001 M) stets wirksamer war als die niedere (0,0003 M), und zwar sowohl hinsichtlich der Förderung der G-Ph- und der G-SuPh-Fraktion als auch hinsichtlich der Beeinträchtigung der G-SlPh-Fraktion.

Tab. 20 Beeinflussung des säurelöslichen Phosphats (G-SlPh), säureunlöslichen Phosphats (G-SuPh) und des Gesamtphosphats (G-Ph) · durch unterschiedliche NaCl-Konzentrationen

Zeit	G-SlPh		G-SuPh		G-Ph	
	0,0003 M	0,001 M	0,0003 M	0,001 M	0,0003 M	0,001 M
½	96,3	85,2	104,3	113,8	103,1	108,9
3½	89,4	95,7	114,3	120,8	110,9	117,3
7	97,6	95,3	103,5	117,5	102,8	114,9

Werte jeweils in Prozent der KCl-Reihen (= 100)

Als Ergebnis beider Versuchsserien kann herausgestellt werden, daß nach Zugabe von Phosphat zu phosphatarmen Kulturen sowohl bei Zusatz von KCl als auch von NaCl die Phosphataufnahme stark ansteigt. Dabei wird insbesondere die Fraktion des säureunlöslichen Phosphats (G-SuPh) gefördert. Die Fraktion des säurelöslichen Phosphats (G-SlPh) steigt zwar vorübergehend an, sinkt dann aber wieder mehr oder weniger auf den Ausgangswert zurück. Eine günstige Wirkung des NaCl ist vornehmlich bei der Su-7 Ph-Fraktion festzustellen.

III. Besprechung der Ergebnisse

Die vorliegenden Versuchsergebnisse haben zunächst eine Bestätigung dafür erbracht, daß der Pilz *Aspergillus niger* nicht ohne Kalium in der Nährlösung zu wachsen vermag. Mit zunehmender Verschärfung des Kaliummangels werden dementsprechend auch die produzierten Mengen an Trockensubstanz geringer. Bei voller Kaliumversorgung führen zusätzliche NaCl- oder Na_2SO_4-Konzentrationen zu keiner Verbesserung des Myzelwachstums, soweit das durch makroskopische oder mikroskopische Beobachtungen sowie durch Trockengewichtsbestimmungen nachweisbar ist. Dieses Versuchsergebnis deckt sich zwar nicht mit einigen Befunden von PIRSCHLE (1935), wohl aber mit den Angaben von MOLLIARD (1921).
Unsere Versuche beweisen weiterhin eindeutig, daß die durch Kaliummangel in der Nährlösung hervorgerufene Wachstumshemmung durch Zugabe von Natrium bzw. Natriumsalzen gemildert wird. Die relative Förderung durch die Natriumsalze wirkt sich beim Myzelwachstum um so stärker aus, je weniger Kalium die Nährlösung aufweist. Das entspricht auch den Beobachtungen von STEINBERG (1946), der in seinen Versuchen allerdings nur eine einzige NaCl-Konzentration überprüfte.
Interessant ist auch die Feststellung, daß die günstige Wirkung der Natriumsalze in eine Hemmwirkung umschlägt, sobald eine bestimmte Salzkonzentration überschritten wird. Auch dieser negative Einfluß der Natriumsalze ist um so ausgeprägter, je schlechter der Pilz in der Nährlösung mit Kalium versorgt ist. Die Hemmwirkung des Natriumsulfats ist dabei stärker als die gleichmolarer Natriumchlorid-Konzentrationen. Werden hinsichtlich ihrer Wirkung aber nur solche Konzentrationen miteinander verglichen, die gleiche Natriummengen enthalten, dann erweist sich das Natriumchlorid als deutlich wirksamer. Wir können daher annehmen, daß es sich hier nicht nur um eine Wirkung hoher Natriumsalz-Konzentrationen handelt, sondern daß auch dem Natrium eine spezifische Bedeutung zukommt.
Niedere NaCl-Konzentrationen bewirken eine festere Beschaffenheit des Myzels. Mit steigenden Konzentrationen wird das Myzel aber wieder weicher und zudem weiß, während es vorher eine gelbe Farbe aufwies. Die Kulturen auf hohen NaCl-Konzentrationen sind weiterhin durch verlängerte Konidiophoren und durch eine vermehrte Sporenproduktion ausgezeichnet. Die Förderung der Sporenbildung wurde auch von PIRSCHLE (1935) gefunden, nicht aber von MOLLIARD (1921). Den Befunden von PIRSCHLE (1935) entspricht auch unsere Beobachtung, daß *Aspergillus niger*-Kulturen auf hohen NaCl-Konzentrationen tiefschwarze Sporen ausbilden, während die Sporen bei den Kulturen, die auf hohen Na_2SO_4-Konzentrationen wachsen, dunkelbraun sind.

Der Aschengehalt des Myzels von *Aspergillus niger* – in % d. Tr.-S. – nimmt mit steigendem Kaliummangel und noch ausgeprägter mit zunehmender Na_2SO_4-Konzentration in der Nährlösung zu. Das gilt aber nur bis zur Grenze von 0,256 M. Eine darüber hinausgehende Erhöhung der NaCl-Konzentration läßt zwar die Tendenz einer weiteren Steigerung des Aschengehaltes erkennen, doch streuen die Werte nunmehr in weiten Grenzen.

Die Ansprüche von *Scenedesmus obliquus* an die Kaliumversorgung erwiesen sich in unseren Versuchen als relativ gering. So reicht eine Konzentration von 0,001 M KCl – allein oder in Verbindung mit 0,001 M $KHCO_3$ – völlig aus, um den Bedarf von *Scenedesmus obliquus* an Kalium zu befriedigen. Höhere KCl-Gaben wirken sogar ungünstig und vermindern in den Kulturen die Zellzahl und den Ertrag an Trockensubstanz. Die geringen Ansprüche von *Scenedesmus obliquus* an die Kaliumversorgung erscheinen uns bemerkenswert, da im allgemeinen die Kaliumsalze in den für die Anzucht einzelliger Grünalgen verwendeten Nährlösungen in einer Konzentration von 0,01 M vorliegen (PIRSON, 1939; KANDLER, 1950; ARNON und Mitarb., 1955, u. a.).

Bei ausreichender Kaliumversorgung, wie sie in unseren Versuchen in der Regel gegeben war, hemmen zusätzlich gebotene KCl- oder NaCl-Gaben bzw. KH_2PO_4- oder NaH_2PO_4-Gaben das Wachstum von *Scenedesmus obliquus*, wobei allerdings die Wachstumshemmung der Natriumsalze geringer ist als die der Kaliumsalze. Es ergibt sich daraus eine relative Förderung des Algenwachstums durch die Natriumsalze. Wird in der Nährlösung die Kaliumgabe schrittweise vermindert und zum Ausgleich Natrium in entsprechenden Mengen geboten, so zeigt sich eine günstige Auswirkung der Natriumzugabe in dem Sinne, daß die Auswirkungen des Kaliummangels mehr oder weniger ausgeglichen werden. Bestenfalls werden aber dabei die Erträge der Kontrollreihe wieder erreicht.

Der Pigmentgehalt von *Scenedesmus obliquus* wird durch niedere und mittlere KCl- und NaCl-Konzentrationen erhöht, wobei das NaCl jeweils die bedeutsameren Steigerungen bewirkt. Das gilt sowohl für Chlorophyll a + b als auch für die Carotinoide. Ähnlich wie SCHMIDT (1959) bei Versuchen mit höheren Pflanzen feststellte, werden auch bei *Scenedesmus obliquus* stets dann höhere Werte für den Chlorophyllgehalt gefunden, wenn das Verhältnis Kalium/Natrium in der Nährlösung zugunsten des Natriums verschoben ist.

Die bisher zusammengestellten Versuchsergebnisse sind zwar recht interessant, geben uns aber keinen irgendwie gearteten Anhaltspunkt dafür, daß sich hinsichtlich ihrer Natriumbedürftigkeit autotrophe Grünalgen von heterotrophen Pilzen wesentlich unterscheiden. Wir müssen daher annehmen, daß das Natrium nur solche Stoffwechselprozesse beeinflußt, die bei autotrophen und heterotrophen Pflanzen in gleicher Weise ablaufen. Wir werden im folgenden prüfen, ob in dieser Hinsicht dem Phosphatstoffwechsel eine besondere Bedeutung zukommt.

In Vorversuchen haben wir festgestellt, daß an der Zusammensetzung des Gesamtphosphats (G-Ph) bei *Scenedesmus obliquus* das säureunlösliche Phosphat (G-SuPh) mit über 93% beteiligt ist, wovon wiederum der Hauptanteil auf die Su-7 Ph-Fraktion entfällt. Das entspricht den Verhältnissen, wie sie auch bei anderen Grünalgen gefunden wurden (GEST und KAMEN, 1948; WINTERMANS und TJIA, 1952;

WINTERMANS, 1955; BADOUR, 1961; SIMONIS und Mitarb., 1962). Der Anteil der G-SlPh-Fraktion überwiegt nur dann, wenn bei Versuchen mit markiertem Phosphat (^{32}P) die Einlagerungszeiten sehr kurzfristig gehalten werden (SIMONIS und URBACH, 1963).

Bei *Scenedesmus obliquus* wird die Phosphataufnahme durch die Zugabe von Natriumsalzen zur Nährlösung eindeutig gefördert. Die Phosphataufnahme ist naturgemäß nach phosphatarmer Anzucht der Algen besonders intensiv, doch sind die absoluten Steigerungen nach Zugabe von Natriumsalzen für uns von geringerer Bedeutung als die relativen Unterschiede gegenüber Kulturen mit gleichmolaren Kaliumsalz-Konzentrationen. Wir konnten in dieser Hinsicht feststellen, daß bei niederen und mittleren Konzentrationen die Phosphataufnahme in den »Natrium-Kulturen« stets größer ist als in den entsprechenden »Kalium-Kulturen«. Der Einbau des aufgenommenen Phosphats erfolgt dabei bevorzugt in die Su-7 Ph-Fraktion. Dieses Versuchsergebnis steht keinesfalls im Widerspruch zu den Befunden von SIMONIS und URBACH (1963), da diese Autoren mit sehr kurzen Einlagerungszeiten (1 min) arbeiteten und daher nur den primären Einbau in die G-SlPh-Fraktion erfaßten, nicht aber die sich daran anschließenden sekundären Umlagerungen des eingebauten Phosphats.

Es scheint uns zudem sehr fraglich zu sein, ob der Einbau des aufgenommenen anorganischen Phosphats in organische Verbindungen für unser Problem überhaupt von entscheidender Bedeutung ist. Wir wissen, daß es weitgehend eine Frage der Versuchsdauer ist, ob das aufgenommene anorganische Phosphat in der säurelöslichen oder säureunlöslichen Phosphatfraktion nachweisbar ist. Wir können weiter darauf hinweisen, daß BADOUR (1961) bei *Chlorella* ebenfalls eine Bevorzugung der Su-7 Ph-Fraktion feststellte, wenn Kaliummangelkulturen nachträglich Kalium geboten wurde. Schließlich fanden LATZKO und MECHSNER (1958) sowie MECHSNER (1959) keinen nennenswerten Einfluß des Natriums auf die Lichtphosphorylierung, wohl aber einen deutlichen Einfluß der K$^+$-Ionen. Wir glauben daher, daß eine entscheidende Mitwirkung des Natriums eher bei der Phosphataufnahme als bei den sekundären Umlagerungen des Phosphatstoffwechsels zu suchen sein dürfte.

IV. Zusammenfassung

1. Es wurde der Einfluß des Natriums bzw. einiger Natriumsalze einmal auf das Wachstum, die Beschaffenheit des Myzels und den Aschengehalt von *Aspergillus niger van Tiegh.* und zum anderen auf das Wachstum sowie den Pigment- und Phosphatgehalt von *Scenedesmus obliquus Turp.* bei unterschiedlicher Kaliumversorgung untersucht.

2. *Aspergillus niger* und *Scenedesmus obliquus* benötigen für ein optimales Wachstum eine ausreichende Kaliumversorgung. Die Auswirkungen des Kaliummangels können durch die Zugabe von Natriumsalzen lediglich mehr oder weniger abgeschwächt, nicht aber ausgeschaltet werden.

3. Das Myzel von *Aspergillus niger* wird durch niedere NaCl-Konzentrationen verfestigt, bei höheren Konzentrationen wird es jedoch wieder weicher und verändert sich in der Farbe von gelblich nach weiß. Hohe NaCl-Konzentrationen begünstigen einmal die Sporenbildung an sich und zum anderen die Ausbildung tiefschwarzer Sporen. Bei hohen Na_2SO_4-Konzentrationen werden dunkelbraune Sporen ausgebildet.

4. Der Aschengehalt des Myzels von *Aspergillus niger* – in % der Tr.-S. – nimmt mit stärker werdendem Kaliummangel und noch ausgeprägter mit zunehmender Konzentration des Natriumsalzes zu.

5. Die Kaliumansprüche von *Scenedesmus obliquus* sind relativ gering und werden durch eine Konzentration des Kaliumsalzes von 0,001 M bereits befriedigt. Höhere Konzentrationen hemmen das Wachstum.

6. Bei ausreichender Kaliumversorgung hemmen zusätzlich gegebene Natriumsalze das Wachstum von *Scenedesmus obliquus* weniger als Kaliumsalze in gleichmolarer Konzentration.

7. Natriumsalze in der Nährlösung fördern die Phosphataufnahme. Das aufgenommene Phosphat findet sich nach 7stündiger Lichtperiode bevorzugt in der Su-7 Ph-Fraktion.

8. Es wird vermutet, daß das Natrium vornehmlich die Phosphataufnahme, weniger aber die sekundären Umlagerungen des Phosphatstoffwechsels beeinflußt.

V. Literaturverzeichnis

ALLEN, M. B., The cultivation of *myxophyceae*. Arch. Mikrobiol. **17**, 34–53 (1952).
ALLEN, M. B., and D. I. ARNON, Studies on nitrogen-fixing blue-green algae II. The sodium requirement of *Anabaena cylindrica*. Physiol. Plant. (Copenh.) **8**, 653–660 (1955).
ARNON, D. I., P. S. ICHIOKA, G. WESSEL, A. FUJIWARA and J. T. WOOLLEY, Molybdenum in relation to nitrogen metabolism I. Assimilation of nitrate nitrogen by *Scenedesmus*. Physiol. Plant. (Copenh.) **8**, 538–551 (1955).
BADE, A. (Schwester PETRA), Über den Einfluß des Natriums auf das Wachstum von *Aspergillus niger*. Diss., Münster 1962.
BADOUR, S. S. A., Kennzeichnung von Mineralsalzmangelzuständen bei Grünalgen mit analytisch-chemischer Methodik II. Phosphatfraktionen bei Kaliummangel im Vergleich mit Magnesium- und Manganmangel. Flora (Jena) **151**, 99–119 (1961).
BAUMEISTER, W., Das Natrium als Pflanzennährstoff. G. Fischer Verlag, Stuttgart 1960.
BAUMEISTER, W., und L. SCHMIDT, Die physiologische Bedeutung des Natriums für die Pflanze I. Versuche mit höheren Pflanzen. Forschungsberichte des Landes Nordrhein-Westfalen Nr. 1086, Westdeutscher Verlag, Köln und Opladen 1962.
BAUMEISTER, W., und L. SCHMIDT, Über die Rolle des Natriums im pflanzlichen Stoffwechsel. Flora (Jena) **152**, 24–56 (1962).
BENECKE, W., Die Bedeutung des Kaliums und des Magnesiums für Entwicklung und Wachstum des *Aspergillus niger v. Tgh.* sowie einiger anderer Pilzformen. Bot. Ztg. **54**, 97–132 (1896).
BUROMSKY, J., Die Salze Zn, Mg und Ca, K und Na und ihr Einfluß auf die Entwicklung von *Aspergillus niger*. Zbl. Bakteriol. Parasitenkunde u. Infektionskrankh., II. Abt. **36**, 54–66 (1913).
CHEN jr., P. S., T. Y. TORIBARA and H. WARNER, Microdetermination of phosphorus. Analyt. Chemistry **28**, 1756–1758 (1956).
COMAR, C. L., and F. P. ZSCHEILE, Analysis of plant extracts for chlorophylls a and b by a photoelectric spectrophotometric method. Plant Physiol. **17**, 198–209 (1942).
CONRAD, D., Natriumernährung und Phosphathaushalt bei *Scenedesmus obliquus*. Diss., Münster 1964.
EYSTER, C., Chloride effect on the growth of *Chlorella pyrenoidosa*. Nature (London) **181**, 1141–1142 (1958).
GEST, H., and M. D. KAMEN, Studies on the phosphorus metabolism of green algae and purple bacteria in relation to photosynthesis. J. Biol. Chemistry **176**, 299–318 (1948).
HARMER, P. M., E. J. BENNE, W. M. LAUGHLIN and C. KEY, Factors affecting crop response to sodium applied as common salt on Michigan muck soil. Soil Sci. **76**, 1–17 (1953).
KANDLER, O., Über die Beziehungen zwischen Phosphathaushalt und Photosynthese I. Phosphatspiegelschwankungen bei *Chlorella pyrenoidosa* als Folge des Licht-Dunkel-Wechsels. Z. Naturforsch. **5 b**, 423–437 (1950).
KRATZ, W. A., and J. MYERS, Nutrition and growth of several bluegreen algae. Amer. J. Bot. **42**, 282–287 (1955).

LATZKO, E., und K. MECHSNER, Bedeutung der Alkali-Ionen für die Intensität der Lichtphosphorylierung bei *Chlorella vulgaris*. Naturwissenschaften **45**, 247–248 (1958).

LEHR, J. J., Sodium as a plant nutrient. J. Sci. Food a. Agric. **4**, 460–471 (1953).

LEHR, J. J., and J. CH. VAN WESEMAEL, The influence of neutral salts on the solubility of soil phosphate, with special reference to the effect of the nitrates of sodium and calcium. J. Soil Sci. **3**, 125–135 (1952).

LEWIS, G. C., J. V. JORDAN and R. L. JUVE, Effect of certain cations and anions on phosphorus availability. Soil Sci. **74**, 227–232 (1952).

LORENZEN, H., Synchrone Zellteilungen von *Chlorella* bei verschiedenen Licht–Dunkel-Wechseln. Flora (Jena) **144**, 473–496 (1957).

LORENZEN, H., Die photosynthetische Sauerstoffproduktion wachsender Chlorellen bei langfristig intermittierender Belichtung. Flora (Jena) **147**, 382–404 (1959).

MECHSNER, K., Untersuchungen an *Chlorella vulgaris* über den Einfluß der Alkaliionen auf die Lichtphosphorylierung. Biochim. Biophys. Acta (Amsterd.) **33**, 150–158 (1959).

MEFFERT, M.-E., Über den Einfluß von Kohlendioxyd auf die Stickstoffassimilation von *Scenedesmus obliquus* im Licht–Dunkel-Wechsel. Arch. Mikrobiol. **37**, 49–56 (1960).

MEFFERT, M.-E., Über die Kultur von *Scenedesmus obliquus* in Ammonium- und Nitraternährung. Planta (Berl.) **61**, 298–308 (1964).

MOLLIARD, M., Influence du chlorure de sodium sur le développement du *Sterigmatocystis nigra*. C. R. Acad. Sci. (Paris) **172**, 1118–1120 (1921).

MUDRAK, A., Beiträge zur Physiologie der Leuchtbakterien. Zbl. Bakteriol. Parasitenkunde u. Infektionskrankh. II. Abt., **88**, 353–366 (1933).

MÜLLER, H.-M., Über die Veränderung der chemischen Zusammensetzung von *Scenedesmus obliquus* bei synchroner Kultur im Licht–Dunkel-Wechsel. Planta (Berl.) **56**, 555–574 (1961).

ÖSTERLIND, S., Inorganic carbon sources of green algae I. Growth experiments with *Scenedesmus quadricauda* and *Chlorella pyrenoidosa*. Physiol. Plant. (Copenh.) **3**, 352–360 (1950).

OVERBECK, J., Untersuchungen zum Phosphathaushalt von Grünalgen III. Das Verhalten der Zellfraktionen von *Scenedesmus quadricauda (Turp.) Bréb.* im Tagescyclus unter verschiedenen Belichtungsbedingungen und bei verschiedenen Phosphatverbindungen. Arch. Mikrobiol. **41**, 11–26 (1962).

PIRSCHLE, K., Vergleichende Untersuchungen über die physiologische Wirkung der Elemente nach Wachstumsversuchen mit *Aspergillus niger*. Planta (Berl.) **23**, 177–224 (1935).

PIRSON, A., Über die Wirkung von Alkaliionen auf Wachstum und Stoffwechsel von *Chlorella*. Planta (Berl.) **29**, 231–261 (1939).

PIRSON, A., und A. KUHL, Über den Phosphathaushalt von *Hydrodictyon I*. Arch. Mikrobiol. **30**, 211–225 (1958).

RICHTER, O., Zur Physiologie der Diatomeen, II. Mitt. Die Biologie der *Nitzschia putrida Benecke*. Denkschr. d. Math.-Naturw. Kl. d. Kais. Akad. Wiss. Wien **84**, 657–772 (1909).

RICHTER, O., Zur Physiologie der Diatomeen, III. Mitt. Über die Notwendigkeit des Natriums für braune Meeresdiatomeen. Sitzungsber. Kais. Akad. Wiss. Wien, Abt. I, **118**, 1337–1343 (1909).

RICHTER, O., Natrium – Ein notwendiges Nährelement für eine marine mikroärophile Leuchtbakterie. Denkschr. d. Math. Naturw. Kl. d. Kais. Akad. Wiss. Wien **101**, 261–291 (1928).

Sauton, B., Influence comparée du potassium, du rubidium et du caesium sur le développement et la sporulation de *l'Aspergillus niger*. C. R. Acad. Sci. (Paris) **155**, 1181 bis 1183 (1912).

Schmidt, L., Untersuchungen über den Einfluß des Natriums bei Spinat und Tomaten. Flora (Jena) **148**, 1–22 (1959).

Schöneberger, A., Untersuchungen über die quantitative Bestimmung der Chloroplastenpigmente auf spektralanalytischem Wege. Diss., Hamburg 1957.

Simonis, W., Photosynthese und lichtabhängige Phosphorylierung. In: Hdb. d. Pflanzenphysiologie, Bd. **V, 1**, S. 966–1013. Springer-Verlag, Berlin–Göttingen–Heidelberg 1960.

Simonis, W., F. J. Kuntz und W. Urbach, Probleme der Phosphataufnahme in Abhängigkeit von Licht und Dunkelheit bei *Ankistrodesmus*. In: Beiträge zur Physiologie und Morphologie der Algen, S. 139–146. G. Fischer Verlag, Stuttgart 1962.

Simonis, W., und W. Urbach, Über eine Wirkung von Natrium-Ionen auf die Phosphataufnahme und die lichtabhängige Phosphorylierung von *Ankistrodesmus braunii*. Arch. Mikrobiol. **46**, 265–286 (1963).

Steinberg, R. A., Specificity of potassium, and magnesium for growth of *Aspergillus niger*. Amer. J. Bot. **33**, 210–214 (1946).

Thom, Ch., and K. B. Raper, A manuel of the *Aspergilli*. Baltimore 1945.

Wintermans, J. F. G. M., Polyphosphate formation in *Chlorella* in relation to photosynthesis. Mededel. Landbouwhogeschool Wageningen **55**, 69–126 (1955).

Wintermans, J. F. G. M., and J. E. Tjia, Some observations on the properties of phosphate compounds in *Chlorella* in relation to condition of photosynthesis. Proc. kon. ned. Akad. Wet., Ser. C **55**, 34–39 (1952).

Wybenga, J. M., A contribution of the knowledge of the importance of sodium for plant life. Diss., Wageningen 1957.

Yasuda, A., Über die Widerstandsfähigkeit einiger Schimmelpilze gegen verschiedene anorganische Salze. Bot. Mag. (Tokyo) **22**, 218–222, 247–254 (1908).

FORSCHUNGSBERICHTE
DES LANDES NORDRHEIN-WESTFALEN

Herausgegeben im Auftrage des Ministerpräsidenten Dr. Franz Meyers
von Staatssekretär Prof. Dr. h. c. Dr.-Ing. E. h. Leo Brandt

BIOLOGIE

HEFT 8
Dr. Maria-Elisabeth Meffert und Heinz Stratmann,
Kohlenstoffbiologische Forschungsstation e. V., Essen
Algen-Großkulturen im Sommer 1951
  1953. 42 Seiten, 4 Abb., 20 Tabellen. DM 9,75

HEFT 27
Prof. Dr. E. Schratz, Münster
Untersuchungen zur Rentabilität des Arzneipflanzenanbaues Römische Kamille, Anthemis nobilis L.
  1953. 9 Seiten, 1 Tabelle. DM 3,60

HEFT 28
Prof. Dr. E. Schratz, Münster
Calendula officinalis L. Studien zur Ernährung, Blütenfüllung und Rentabilität der Drogengewinnung
  1953. 18 Seiten, 2 Abb., 3 Tabellen. DM 5,20

HEFT 33
Kohlenstoffbiologische Forschungsstation e. V., Essen
Eine Methode zur Bestimmung von Schwefeldioxyd und Schwefelwasserstoff in Rauchgasen und in der Atmosphäre
  1953. 23 Seiten, 8 Abb., 3 Tabellen. Vergriffen

HEFT 42
Prof. Dr. Burckhardt Helferich, Bonn
Untersuchungen über Wirkstoffe – Fermente – in der Kartoffel und die Möglichkeit ihrer Verwendung
  1953. 47 Seiten, 9 Abb. Vergriffen

HEFT 68
Kohlenstoffbiologische Forschungsstation e. V., Essen
Algengroßkulturen im Sommer 1952
II. Über die unsterile Großkultur von Scenedesmus obliquus
  1954. 52 Seiten, 3 Abb., 29 Tabellen. DM 11,40

HEFT 83
Prof. Dr. S. Strugger, Münster
Über die Struktur der Proplastiden
  1954. 27 Seiten, 15 Abb. DM 8,40

HEFT 94
Prof. Dr. phil. habil. G. Winter, Bonn
Die Heilpflanzen des MATTHIOLUS (1611) gegen Infektionen der Harnwege und Verunreinigung der Wunden bzw. zur Förderung der Wundheilung im Lichte der Antibiotikaforschung
  1954. 46 Seiten, 1 Abb., 2 Tabellen. DM 11,50

HEFT 95
Prof. Dr. phil. habil. G. Winter, Bonn
Untersuchungen über die flüchtigen Antibiotika aus der Kapuziner- (Tropaeolum maius) und Gartenkresse (Lepidium sativum) und ihr Verhalten im menschlichen Körper bei Aufnahme von Kapuziner- bzw. Gartenkressensalat per os
  1954. 61 Seiten, 9 Abb., 25 Tabellen. DM 14,—

HEFT 131
Dr. rer. nat. W. Hoerburger, Köln
Versuche zur Biosynthese von Eiweiß aus Kohlenwasserstoff
  1955. 22 Seiten, 2 Abb., 3 Tabellen. DM 6,90

HEFT 137
Prof. Dr. rer. nat. habil. Walter Baumeister, Münster
Beiträge zur Mineralstoffernährung der Pflanzen
  1955. 48 Seiten, 6 Tabellen. DM 11,80

HEFT 144
Prof. Dr. phil. Hermann Wurmbach,
Zoologisches Institut der Universität Bonn
Steuerung von Wachstum und Formbildung
VIII. Mitteilung: Übersicht über die bisherigen Ergebnisse
  1955. 32 Seiten, 19 Abb. DM 10,30

HEFT 203
Dr. rer. nat. G. Wandel, Bonn
Uferbewachung und Lebendverbauung an den Nordwestdeutschen Kanälen und ihren Zuflüssen sowie an der Ruhr
  1956. 109 Seiten, 88 Abb. DM 25,70

HEFT 249
Dr. rer. nat. Maria-Elisabeth Meffert,
Kohlenstoffbiologisches Forschungsinstitut e. V., Essen
Weitere Kulturversuche mit Scenedesmus obliquus
  1956. 26 Seiten, 5 Abb., 10 Tabellen. DM 8,—

HEFT 254
Prof. Dr. phil. Rolf Danneel,
Zoologisches Institut der Universität Bonn
Quantitative Untersuchungen über die Entwicklung des Ehrlich-Ascitestumors bei Inzuchtmäusen
1956. 41 Seiten, 8 Abb., 17 Tabellen. DM 11,75

HEFT 317
Dr.-Ing. Jürgen Stelter,
Laboratorium für Ultrakurzwellentechnik und Ultraschall an der Rhein.-Westf. Technischen Hochschule Aachen
Mikrobiologische Ultraschallwirkungen
1956. 97 Seiten, 41 Abb., 12 Tabellen. DM 23,90

HEFT 388
Prof. Dr. rer. nat. habil. Walter Baumeister und
Dr. rer. nat. Helmut Burghardt, Münster
Die Bedeutung der Elemente Zink und Fluor für das Pflanzenwachstum
1957. 38 Seiten, 17 Tabellen. DM 10,20

HEFT 389
Prof. Dr.-Ing. habil. Hermann Fink und
Brauerei-Ing. Karl-Wilhelm Hoppenhaus, Köln
Die biologische Eiweiß-Synthese von höheren und niederen Pilzen und die alimentäre Lebernekrose der Ratte
1956. 65 Seiten, 2 Abb., 24 Tabellen. DM 15,60

HEFT 411
Dr. Liesel Sommer und
Prof. Dr. Wilhelm Halbsguth,
Botanisches Institut der Universität Frankfurt
Grundlegende Versuche zur Keimungsphysiologie von Pilzsporen
1957. 90 Seiten, 13 Abb., 32 Tabellen. DM 22,70

HEFT 429
Prof. Dr. O. Kuhn, Köln
Selektive Wirkung verschiedener Stoffgruppen auf tierische Gewebe
1957. 53 Seiten, 32 Abb. DM 13,15

HEFT 508
Limnologische Station Niederrhein der Hydrobiologischen Anstalt der Max-Planck-Gesellschaft,
Krefeld-Hülserberg
Limnologische Untersuchungen des Rheinstromes.
I. Hydrobiologische und physiographische Verhältnisse im Rheinstrom im Bild bisheriger Untersuchungen von Dr. rer. nat. Hans Schmidt-Ries
1958. 64 Seiten. Vergriffen

HEFT 509
Dr. rer. nat. Hans Schmidt-Ries, Krefeld
Limnologische Untersuchungen des Rheinstromes.
II. Physiographische Untersuchungen des Rheines in den Jahren 1951-1957
1958. 280 Seiten, 205 Tabellen als Anhang.
Vergriffen

HEFT 514
Dr. rer. nat. Maria-Elisabeth Meffert,
Kohlenstoffbiologische Forschungsstation Essen
Die Kultur von Scenedesmus obliquus in Abwasser
1957. 34 Seiten, 7 Abb., 7 Tabellen. DM 10,85

HEFT 524
Dr. Siegfried Lockau, Emlichheim
Versuche zur Gewinnung von Kartoffeleiweiß
1958. 42 Seiten, 2 Abb. DM 12,70

HEFT 536
Dr. phil. Carl Wilhelm Czernin-Chudenitz,
Limnologische Station Niederrhein der Hydrobiologischen Anstalt der Max-Planck-Gesellschaft, Krefeld-Hülserberg
Leiter: Dr. rer. nat. Hans Schmidt-Ries
Limnologische Untersuchungen des Rheinstromes.
III. Quantitative Phytoplanktonuntersuchungen
1958. 224 Seiten, 44 Abb. DM 50,—

HEFT 539
Prof. Dr. Leopold v. Ubisch,
im Auftrag der Zoologischen Station Neapel
Die phylogenetischen Symmetrieveränderungen bei den Seeigeln
1958. 56 Seiten, 27 Abb. DM 15,75

HEFT 627
Prof. Dr. phil. Hermann Wurmbach,
Dr. rer. nat. Doddy Tisna-Amidjaja und
P. Rolf Erhard, Bonn
Zoologisches Institut der Universität Bonn,
Entwicklungsgeschichtliche Abteilung
Steuerung von Wachstum und Formbildung.
XVIII. Mitteilung: Zusammenhänge von Zuckerstoffwechsel und Wachstum
1958. 37 Seiten, 19 Abb., 6 Tabellen. DM 13,30

HEFT 629
Dipl.-Ing. Karl Wolters, Laboratorium für Ultraschall an der Rhein.-Westf. Technischen Hochschule Aachen
Zur Wirkung von Ultraschall auf die Keimung und Entwicklung von Pflanzen und auf den Verlauf von Pflanzenkrankheiten
1958. 34 Seiten, 15 Abb., 1 Tabelle. DM 10,—

HEFT 682
Prof. Dr. phil. Hermann Wurmbach,
Dr. rer. nat. Fritz Mombeck,
Dr. agr. Klaus-Josef Nobis und
Dr. rer. nat. Susanne Mertens-Neuling,
Zoologisches Institut der Universität Bonn,
Entwicklungsgeschichtliche Abteilung
Zur Wirkungsweise der sterioiden Hormone auf Wachstum und Differenzierung. XIX. Mitteilung: Steuerung von Wachstum und Formbildung
1959. 45 Seiten, 28 Abb. DM 13,50

HEFT 716
Dr. rer. nat. Maria-Elisabeth Meffert, Essen
Zur Methodik der Freilandkultur einzelliger Grünalgen und Vorschlag eines neuen Kulturverfahrens
1959. 34 Seiten, 16 Abb., 2 Tabellen. DM 10,30

HEFT 738
Prof. Dr. phil. Hermann Wurmbach,
Dr. rer. nat. Lothar Schneider und
Dr. rer. nat. Heinrich Haardick,
Zoologisches Institut der Universität Bonn
Steuerung von Wachstum und Formbildung. XX. Mitteilung: Untersuchungen über Wachstums- und Entwicklungsbeeinflussungen von Tymusfraktionen an Kaulquappen
1959. 24 Seiten, 12 Abb., 1 Tabelle. DM 7,80

HEFT 744
Prof. Dr. Curt Heidermanns und
Dr. Inge Kirchner-Kühn,
Zoologisches Institut der Universität Bonn
Die Ausscheidung von Wirkstoffen im Harn von Wild- und Nutztieren. I. Die Ausscheidung von Phosphatasen, Amylasen und Proteasen
1959. 54 Seiten, zahlr. Tabellen. DM 14,40

HEFT 796
Prof. Dr. phil. Rolf Danneel, Ursula Lindemann und Stefanie Lorenz,
Zoologisches Institut der Universität Bonn
Die Scheckung der schwarz-bunten und rotbunten Niederungsrinder. I. Morphologischer Befund
1959. 39 Seiten, 5 Tabellen. DM 14,20

HEFT 884
Dr. rer. nat. Hans van Haut und
Dr. rer. nat. Dipl.-Chem. Heinrich Stratmann,
Kohlenstoffbiologische Forschungsstation e. V., Essen
Experimentelle Untersuchungen über die Wirkung von Schwefeldioxyd auf die Vegetation
1960. 63 Seiten, 27 Abb., 1 Tabelle. DM 18,80

HEFT 856
Prof. Dr. Heinrich Reploh, Dr. Günther Gängel und Dr. Alexander Nebrkorn,
Hygiene-Institut der Universität Münster
Untersuchungen über den Einfluß von Abwasser-Organismen auf Krankheitserreger
1960. 26 Seiten, 11 Abb., 11 Tabellen. DM 8,60

HEFT 858
Baudirektor Wolfgang Triebel, Viersen, und
Dipl.-Ing. R. Nowak, Frankfurt
Herstellung von Schmelzphosphat-Dünger bei hygienischer Aufbereitung und Vernichtung von Stadtmüll
1960. 40 Seiten, 4 Abb., 12 Tabellen. DM 11,50

HEFT 952
Dr. rer. nat. Maria-Elisabeth Meffert, Kohlenstoffbiologische Forschungsstation e. V., Dortmund
Die Wirkung der Substanz von Scenedesmus obliquus als Eiweißquelle in Fütterungsversuchen und die Beziehung zur Aminosäure-Zusammensetzung
1961. 48 Seiten, 15 Tabellen. DM 13,70

HEFT 974
Dr. rer. nat. Else Haine, Bonn
Nehmen luftelektrische Faktoren Einfluß auf die Aktivitätswechsel kleiner Insekten, insbesondere auf die Häutungs- und Reproduktionszahlen von Blattläusen?
1961, 80 Seiten, 44 Abb., 9 Tabellen. DM 24,30

HEFT 1001
Dipl.-Phys. Dr. Günter Langner,
Institut für Elektronenmikroskopie
an der Medizinischen Akademie Düsseldorf
Direktor: Prof. Dr. med. H. Ruska
Die Informationsübertragung bei der Mikroskopie mit Röntgenstrahlen
1961. 125 Seiten, 7 Abb. DM 37,—

HEFT 1019
Dr. med. habil. Kurt Herzog,
Chefarzt der Chirurgischen Klinik
der Städtischen Krankenanstalten Krefeld
Zur Methodik der fortlaufenden graphischen Registrierung von Bewegungen der Gliedmaßengelenke des Menschen
1961. 59 Seiten, 26 Abb. DM 19,—

HEFT 1029
Dr. Hans Füsser, cand. rer. nat. Egon Flach und
Prof. Dr. Hermann Fink, Institut für Gärungswissenschaft und Enzymchemie der Universität Köln
Versuche zur gleichzeitigen Gewinnung von Hefeeiweiß und Antibiotika
1962. 39 Seiten, 12 Abb., 13 Tabellen. DM 14,70

HEFT 1044
Prof. Dr. Curt Heidermanns und
Dr. Inge Kirchner-Kühn,
Zoologisches Institut der Universität Bonn
Die Ausscheidung von Wirkstoffen im Harn von Wild- und Nutztieren. II. Die Ausscheidung der 17-Ketosteroide und der 17-ketogenen Steroide
1962. 70 Seiten, 26 Abb., 11 Tabellen. DM 23,—

HEFT 1086
Prof. Dr. rer. nat. habil. Walter Baumeister und
Dr. rer. nat. Lothar Schmidt,
Botanisches Institut der Universität Münster
Die physiologische Bedeutung des Natriums für die Pflanze. I. Versuche mit höheren Pflanzen
1962. 42 Seiten, 20 Tabellen. DM 14,50

HEFT 1170
Charles Boursin, Zoologisches Forschungsinstitut und Museum Alexander Koenig, Bonn
Die „Noctuinae-Arten" (Agrotinae vulgo sensu) aus Dr. h. c. H. Hönes China-Ausbeuten. Beitrag zur Fauna Sinica
1963. 107 Seiten, 22 Tafeln im Anhang. DM 62,60

HEFT 1184
*Dr. rer. nat. Dipl.-Chem. Heinrich Stratmann,
Forschungsinstitut für Luftreinhaltung e. V., Essen*
Freilandversuche zur Ermittlung von Schwefeldioxydwirkungen auf die Vegetation. II. Teil: Messung und Bewertung der SO-Immissionen
1963. 69 Seiten, 11 Abb., 52 Tabellen. DM 33,80

HEFT 1217
Prof. Dr. Curt Heidermanns und Dr. Inge Kirchner-Kühn, Zoologisches Institut der Universität Bonn, Abteilung für vergleichende Physiologie
Die Ausscheidung von Wirkstoffen im Harn von Wild- und Nutztieren. III. Die Ausscheidung von oestrogenen Substanzen
1963. 67 Seiten, 4 Abb., 23 Tabellen. DM 24,50

HEFT 1236
*Prof. Dr. Hermann Fink † und Elisabeth Herold, bearbeitet von Dr. Ilse Schlie, Institut für Gärungswissenschaft und Enzymchemie der Universität Köln
Direktor: Prof. Dr. Hermann Fink †*
Über den biologischen Wert der einzelligen Grünalge Scenedesmus obliquus – frisch und verschieden getrocknet – und ihre diätetischen und therapeutischen Eigenschaften
1963. 39 Seiten, 17 Abb., 11 Tabellen. DM 15,40

HEFT 1247
Prof. Dr. Karl-Ernst Wohlfahrt-Bottermann, Zentral-Laboratorium für angewandte Übermikroskopie am Zoologischen Institut der Universität Bonn
Zellstrukturen und ihre Bedeutung für die amöboide Bewegung
1963. 104 Seiten, 25 Abb., 1 Tabelle. DM 46,80

HEFT 1371
*Prof. Dr. phil. Hermann Wurmbach,
Dr. rer. nat. Anneli Biwer,
Dr. rer. nat. Lothar Schneider,
Dr. rer. nat. Hanne-Lore Pohland und
Ursula Borchert,
Zoologisches Institut der Universität Bonn,
Entwicklungsgeschichtliche Abteilung*
Zur antithyreoidalen und Mißbildungen erzeugenden Wirkung pflanzlicher und tierischer Öle bei Kaulquappen
1964. 71 Seiten, 41 Abb. DM 35,80

HEFT 1426
*Prof. Dr. med. Erich A. Müller,
Max-Planck-Institut für Arbeitsphysiologie, Dortmund*
Die Messung der Veränderung der vertikalen Blutverteilung beim Stehen
*Dr. med. Jürgen Stegemann,
Max-Planck-Institut für Arbeitsphysiologie, Dortmund*
Der Einfluß künstlicher Beatmung auf den arteriellen Kohlendioxyddruck, das arterielle pH und die Stoffwechselgröße
1964. 54 Seiten, 15 Abb., 2 Tabellen. DM 25,50

HEFT 1483
*Prof. Dr. Robert Potonié,
Geologisches Landesamt Nordrhein-Westfalen, Krefeld*
Fossile Sporae in situ
Vergleich mit den Sporae dispersae
Nachtrag zur Synopsis der Sporae in situ
1965. 74 Seiten, 70 Abb. DM 29,80

HEFT 1484
*Dr. Julija Indans,
Geologisches Landesamt Nordrhein-Westfalen, Krefeld*
Mikrofaunistisches Normalprofil durch das marine Tertiär der Niederrheinischen Bucht
1965. 85 Seiten, 9 Abb., 10 Tabellen. DM 46,—

HEFT 1566
Dr. phil. Karl Schmitz-Moormann, Münster
Das Weltbild Teilhard de Chardin's I.
Untersuchungen zur Terminologie Teilhard de Chardin's
In Vorbereitung

HEFT 1582
*Dipl.-Ing. Dr. techn. Ernst Kofrányi und
Dr. rer. nat. Friedrichkarl Jekat,
Max-Planck-Institut für Ernährungsphysiologie, Dortmund*
Die biologische Wertigkeit von Kartoffelproteinen
1965. 29 Seiten, 10 Abb., 3 Tabellen. DM 14,80

HEFT 1588
Priv.-Dozent Dr. med. Karlheinz Neumann, Wilhelmshaven, Institut für Industrielle und Biologische Forschung, Köln
Die biologisch wichtigen Inhaltsstoffe der Pflaumen und die Ursachen ihrer laxierenden Wirkung
1965. 52 Seiten, 18 Tabellen. DM 22,70

HEFT 1609
*Priv.-Dozent Dr. Ferdinand Amelunxen
Botanisches Institut und Botanischer Garten
der Westfälischen Wilhelms-Universität Münster
Direktor: Prof. Dr. Hans Reznik*
Untersuchungen an Ribosomen
1965. 39 Seiten, 15 Abb., 7 Tabellen. DM 23,50

HEFT 1610
*Dozent Dr. rer. nat. Hans Kaja, Botanisches Institut der Westfälischen Wilhelms-Universität, Münster
Direktor: Prof. Dr. Hans Reznik*
Elektronenmikroskopische Untersuchungen über die Struktur der Chloroplasten einiger niederer Pflanzen
1966. 52 Seiten, 27 Abb., 2 Tabellen. DM 29,40

HEFT 1648
*Prof. Dr. Dr. h. c. Heinrich Kraut und
Dr. rer. nat. Maria-Elisabeth Meffert,
Kohlenstoffbiologische Forschungsstation e. V., Dortmund*
Über unsterile Großkulturen von Scenedesmus abliquus
In Vorbereitung

HEFT 1649
*Dr. rer. nat. Else Haine und Barbara E. Eastop,
Forschungslaboratorium für angewandte Entomologie
im Museum Alexander Koenig, Bonn*
Die Erforschung des Insektenflugs mit Hilfe neuer
Fang- und Meßgeräte
Blattlausfänge einer englischen Saugfalle aus dem
Park des Museums Alexander Koenig in Bonn vom
1. bis 21. Oktober 1961
In Vorbereitung

HEFT 1678
*Prof. Dr. rer. nat. habil. Walter Baumeister, Dr. rer.
nat. Adelheid Bado (Schwester Petra) und Dr. rer. nat.
Dietrich Conrad, Botanisches Institut der Westfälischen
Wilhelms-Universität, Münster*
Die physiologische Bedeutung des Natriums für
die Pflanze
II. Versuche mit niederen Pflanzen

HEFT 1699
Dr. rer. nat. Else Haine und Barbara E. Eastop, Forschungslaboratorium für angewandte Entomologie im Museum Alexander Koenig, Bonn
Die Erforschung des Insektenflugs mit Hilfe neuer
Fang- und Meßgeräte: Der Nachweis von Blattläusen (Homoptera: Aphidoidea CB.) im Park des
Museums Alexander Koenig durch englische Saugfallen in den Jahren 1959, 1960, 1961 und 1962
In Vorbereitung

Verzeichnisse der Forschungsberichte aus folgenden Gebieten können beim Verlag angefordert werden:
Acetylen/Schweißtechnik – Arbeitswissenschaft – Bau/Steine/Erden – Bergbau – Biologie – Chemie – Druck/
Farbe/Papier/Photographie – Eisenverarbeitende Industrie – Elektrotechnik/Optik – Energiewirtschaft – Fahrzeugbau/Gasmotoren – Fertigung – Funktechnik/Astronomie – Gaswirtschaft – Holzbearbeitung – Hüttenwesen/Werkstoffkunde – Kunststoffe – Luftfahrt/Flugwissenschaften – Luftreinhaltung – Maschinenbau –
Mathematik – Medizin/Pharmakologie – NE-Metalle – Physik – Rationalisierung – Schall/Ultraschall – Schiffahrt – Textilforschung – Turbinen – Verkehr – Wirtschaftswissenschaften.

 SPRINGER FACHMEDIEN WIESBADEN GMBH

MIX
Papier aus verantwortungsvollen Quellen
Paper from responsible sources
FSC® C105338

If you have any concerns about our products,
you can contact us on
ProductSafety@springernature.com

In case Publisher is established outside the EU,
the EU authorized representative is:
**Springer Nature Customer Service Center GmbH
Europaplatz 3, 69115 Heidelberg, Germany**

Printed by Libri Plureos GmbH
in Hamburg, Germany